半山区地貌多元化稻渔综合种养模式技术与实践

金建荣　叶生月　主编

海洋出版社

2024年·北京

图书在版编目（CIP）数据

半山区地貌多元化稻渔综合种养模式技术与实践 /
金建荣，叶生月主编 . -- 北京：海洋出版社，2024.6
ISBN 978-7-5210-1256-9

Ⅰ. ①半… Ⅱ. ①金… ②叶… Ⅲ. ①稻田 - 鳖 - 淡
水养殖 Ⅳ. ① S966.5

中国国家版本馆 CIP 数据核字（2024）第 086428 号

责任编辑：杨　明
责任印制：安　淼

海洋出版社　出版发行

http：//www. oceanpress. com. cn
北京市海淀区大慧寺路 8 号　邮编：100081
鸿博昊天科技有限公司印刷　新华书店经销
2024 年 6 月第 1 版　2024 年 6 月第 1 次印刷
开本：787mm×1092mm　1/16　印张：11.5
字数：161 千字　定价：80.00 元
发行部：010-62100090　总编室 010-62100034

海洋版图书印、装错误可随时退换

《半山区地貌多元化稻渔综合种养模式技术与实践》
—— 编委会 ——

主　任：卓齐龙　王斌鸿　潘小英

副主任：楼　宝　张海琪　郭水荣

委　员：管国兴　沈　磊　刘　兵　孟佳萍

　　　　原居林　谢　楠　马文君　刘　梅

　　　　徐立军　许寿增　张尧锋　倪西源

编写人员

主　编：金建荣　叶生月

副主编：章林平　王亚琴　苘娜娜　江云珠

　　　　秦叶波　周明亚

参　编：（按姓氏笔画为序）

　　　　王　洁　尹　微　贝亦江　王宇希

　　　　王贤波　马恒甲　方进林　包洪军

　　　　申屠兰欣　叶　键　石一珺　李　红

　　　　刘永红　朱霄岚　陈　喆　汤　斌

　　　　陈　翔　吴钫杰　邱旭阳　金　昊

　　　　周小华　周艳萍　俞　炜　洪美萍

　　　　赵燕昊　徐　晗　谢　炜　魏小芬

序

　　稻田养鱼，我省青田县是鼻祖，也是联合国粮农组织命名的全球重要农业文化遗产。至今青田县乃至丽水山区养的田鱼，仍是丽水和温州的美食。这些年来，国家高度重视基本农田保护和粮食生产的稳定提高，严禁挖塘养鱼和毁田养鱼，在"既要绿水青山又要金山银山"的理念指导下，在稳定粮田面积、确保粮食增产增收的基础上，农业农村部大力推广新型稻渔综合种养，实现"一田两用、一水双收"，在乡村产业振兴中实现共同富裕。为此，农业农村部连续多年举办全国稻渔种养模式创新大赛和稻渔共生优质稻米评比。

　　推广新型稻田养鱼，是我退休前两年乃至到省水产学会后的主要工作之一。因为工作的关系，我看过不少稻田养鱼的现场。浙江"七山一水二分田"的地貌，山区、半山区开展稻田养鱼的地方不少，但印象最深的要数杭州昊琳农业开发股份有限公司在桐庐县百江镇百江村的种养基地。基地三面环山，蓝天白云行走间，溪水流经千亩田园，或山清水秀、稻穗金黄，或山色葱茏、油菜花开，得天独厚的小环境小气候，即使休闲观光，也会流连忘返。

　　我省在经历了早年的三起三落后，再次掀起了稻田养鱼的热潮。在稻的种植品种选育和选择上，各地有不少试验试种养的经验和体会；在"渔"的内容上，不断扩大和丰富，包含小龙虾、鲤鱼、鲫鱼、甲鱼、青蛙、泥鳅等十余个品种。从种养效益看，甲鱼无疑名列前茅，但因前期苗种和设施等投入较大，稻鳖共生面积扩大较缓慢，但种养前景和产品销售空间较大。本书介绍的只是稻田养殖甲鱼的一种成功模式。

　　这些年来，我前后三次去过杭州昊琳农业开发股份有限公司的生产基地。我所了解的该公司金建荣老板，是个做事认真的人。不仅种出了好稻米，养出了好甲鱼。他打理的田园干净整洁、堤渠齐整，稻米加工、烘干、包装等场所井然有序。他陪同我参观基地时，也会一路走一路介绍，顺手拔除田边的稗草，捡起零碎的杂物。不仅如此，他还烧得一手好菜，他烹制的甲鱼，无论红烧还是清炖，都是我至今吃过的美味。看得出，金老板是个动手能力很强的人，是个干活的能手、好手。

我与本书第一主编金建荣同志认识的时间不长，五六年前一个偶然的机会，我品尝了他养的甲鱼，味觉告诉我这个甲鱼养得不错，有记忆中小时候吃过的味道。他种出来的稻米做的米饭，我吃过，很不错。因缘际会，我成了吃他的稻米和甲鱼的"粉丝"。春节期间，侄女到我家第一次吃到稻鳖米做的饭，误认为是东北大米，当她知道产自本省本市桐庐县后非常惊讶，表示要网购。

当我认真通读了《半山区地貌多元化稻渔综合种养模式技术与实践》一书后，我对金老板的认识又加深了一层。他不仅做得了事、做得成事，还能把自己做的事用文字表达出来、用图片记录下来。我看了本书后最强烈的感受是，书中记录的不就是我们多次去实地看到的图景吗？文字表达的不正是他每次向我们介绍的内容吗？这是源于多年生产实践的呕心集成，是一本指导实践的沥血之作。

这本书，对从事稻渔综合种养的渔民来说，无疑是值得借鉴和探讨的资料大成；对准备开展稻渔综合种养的新手来说，是入门的指导，是提高种养水平的向导；对广大的生态产品的爱好者、追求者来说，是了解生态稻米和甲鱼生产过程的好帮手。能够帮助在鱼目混珠、劣币驱逐良币的市场上，更好地分辨优劣，真正做到买得放心、吃得安心。

希望此书对广大种养户和即将加入稻渔综合种养的养殖户有所帮助，少走弯路，踏踏实实，因地制宜，合理开展稻渔之路。

浙江省水产学会理事长

前　言

稻鳖综合种养经过多年技术提升与模式创新，从简单的稻鳖共养发展到多元综合种养，其农田综合产出效益已达到一般种植或养殖的三倍以上，近几年得到各级政府的重视，并给予财政资金的大力扶持，推广规模上实现了扩增，从试点摸索向着稻鳖综合种养规模化经营发展，为实现农业标准化生产打下了坚实的基础。由于甲鱼喜打洞、雨天爬坡等生活习性，在稻田综合种养过程中要求设施相对牢固，需要投入大量资金。为降低生产成本，缓解建设初期的资金投入压力，迫切需要构建一套施工简便、容易推广的稻鳖种养基础设施，并形成种养多元化应用技术集成。

全书共分十二章。第一章稻鳖共生目的，介绍发展半山区地貌稻鳖共生目的；第二章基础设施构建，涵盖种养基地的选址、种养水源的要求、外围防逃、防盗设施、内部水产品暂养越冬坑构建及材料的选择；并对沉降渠的设计和构建及其作用进行阐述；第三章养殖关键技术，阐述养殖品种、茬口以及关联的关键技术；第四章种植关键技术，阐述共生水稻种植品种选择、茬口安排等关键技术；第五章浮床水稻种植，阐述浮床水稻种植的关键技术；第六章稻米加工、仓储，对后续稻米加工与仓储的关键技术进行阐述；第七章稻田多元融合，总结一套符合半山区地貌特征的多元化稻鳖综合种养模式的创新技术；第八章产品提质增效，主要阐述种养产品经过多元有机集成达到提质增效的方法；第九章模式集成，对多项模式进行多元集成进行阐述；第十章模式应用推广，介绍该项技术成果在推广过程中，要因地制宜开展模式应用；第十一章产品加工方法，通过简单稻鳖产品加工工艺，扩展销售渠道；第十二章关键技术总结，阐述技术多项关键控制点。

由于编者水平所限，书中不妥之处，敬请读者提出宝贵意见，以便进一步修改和完善。

目　录

第一章
稻鳖共生目的

一、稻渔模式发展背景

（一）温室与生态甲鱼养殖背景

中华鳖（*Pelodiscus sinensis*），俗称团鱼、甲鱼等，隶属于爬行纲（Reoutlia）、龟鳖目（Testudinata）、鳖科（Tironychidae）、鳖属（*Pelodiscus*），原产我国，广泛分布于我国长江、珠江及黄河流域的江河、湖泊及沼泽等水域。由于其具有良好的营养滋补作用和医用价值，一直以来被人们视为营养滋补佳品和名贵的中药材。

国内中华鳖（以下统一表述为"甲鱼"）人工养殖始于20世纪70年代，其主要养殖方式是捕获野生的鳖种、稚幼鳖进行池塘养殖。甲鱼温控养殖技术的突破与推广应用，促进了我国甲鱼养殖业的迅速发展。自20世纪80年代末以来，在短短的30余年间，我国甲鱼养殖业尽管几经波折，但总体上呈现健康可持续发展态势，现已成为我国淡水渔业中发展速度最快、效益最好、集约化程度最高、产业链最完善的产业之一。2022年甲鱼全国养殖产量达到37.4万吨，养殖区域覆盖20余个省（市、自治区），已成为我国重要的水产养殖产业之一。浙江、湖北、安徽、湖南、广东、江西、广西、江苏8省（自治区）甲鱼养殖产量均超过万吨，其中浙江省达8.27万吨，占全国甲鱼养殖产量的22.1%，居首位，也是浙江省水产养殖主导品种之一。甲鱼产业的发展，为渔业增效、渔民增收、渔区稳定发展、丰富百姓菜篮子提供了有力的保障，助力乡村振兴和渔村渔民共同富裕做出了积极贡献。

在我国甲鱼养殖的发展历程中，由于市场渐趋饱和以及甲鱼养殖产业的结构性调整，养殖产量在2017—2018年有所下滑。其间，消费者的食品消费观念也从以吃饱为目的，转向品种丰富、食品安全、提升品质，逐步实现从简单数量向追求质量的演变。随着向集约化露天池塘养殖以及套养、共养养殖的转型，2018年后我国甲鱼产量又开始逐渐回升，这是我国甲鱼养殖产量的明显拐点，更是温室集约化养殖逐步转型的关键节点。2020年甲鱼产量回升至33.3万吨（图1-1），2021年36.5万吨，2022年37.4万吨。甲鱼产量稳步上升，温室集约化的养殖模式逐步转为露天外塘、稻渔综合种养等组合模式，生态高品质甲鱼得到消费者的认可与青睐。

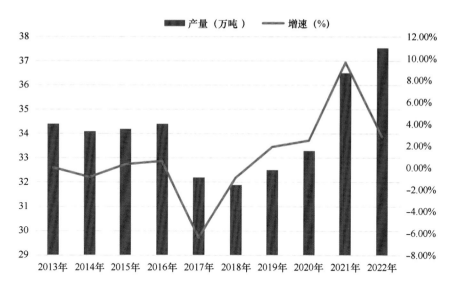

图 1–1 10 年间甲鱼养殖数据

（二）甲鱼温室养殖的利与弊

2013年前，浙江省甲鱼养殖基本采取温室加温高密度养殖模式，由于采用集约化模式，表现出生长周期短、投资回报率高等优势，每亩（亩为非法定计量单位，1亩≈667平方米）温室养殖大棚通常10个月左右便可完成一个周期的甲鱼养殖，亩产利润可达10万元以上。在浙江省嘉兴市、杭州余杭区的部分乡镇，农户普遍从事甲鱼养殖。2012年，桐庐县仅瑶琳镇便有80余户农民开展温室甲鱼养殖工作，其中单个养殖场面积最大可达3万平方米以上，养殖数量达110万只以上。但温室高密度养殖甲鱼给生态环境造成了较大的负面影响，主要表现为以下几个方面：一是由于集中养殖需要常年保温，如此庞大的养殖数量叠加粗放型养殖的模式，在养殖高峰时期，其加温排放的烟气造成空气质量变差（图1–2）。二是养殖尾水直接排放对环境影响极大，特别是温室养殖甲鱼通常集中在夏季收获，养殖场周边污水横流、臭气熏天，对附近河流和湖泊的生态破坏性大。为坚决贯彻落实"绿水青山就是金山银山"的发展理念，2013年开始，浙江省开展了"五水共治"和剿灭"劣五类水"行动，浙江各地开始大范围拆除温室养殖大棚，转而大力发展甲鱼生态养殖。

图1–2 温室常年加温养殖场

（三）甲鱼营养价值高，市场需求优势明显

甲鱼味道鲜美，含有丰富的蛋白质、优质不饱和脂肪酸和亚油酸，富含多种维生素，具有很高的营养价值。因此，常吃甲鱼可增强机体免疫力，提高人体抵抗疾病的能力。甲鱼中的不饱和脂肪酸，对高血压、动脉硬化等疾病具有较好的预防和缓解效果。甲鱼背甲还含有特有的龟板胶，龟板胶富含人体皮肤所需的各种氨基酸，因此食用甲鱼也有美容健身之效。甲鱼同时也是一道美味佳肴，深受广大消费者喜爱，是高档宾馆、酒店必备菜肴。特别是2019年后，高品质的生态甲鱼市场需求进一步扩大。以杭州为例，不少家庭每个月都会购买高品质或

品牌甲鱼进行食补保健，有效提升了老年群体的免疫力，消费市场逐步走向良性循环。

（四）思路转型与模式升级

在还人们绿水青山的大环境下，甲鱼养殖出路何在，如何破解企业目前面临的困境，是当前生态甲鱼养殖户亟需思考的问题。种植水稻对广大农民而言并不陌生，不少农民也具备养殖甲鱼的技术，其中便有杭州市桐庐县的部分农民，利用自家承包的百余亩农田，着手水稻种植，并选取其中几十亩田尝试"稻鳖共养"模式的探索与研究。

二、模式发展初衷

稻鳖共养模式是以稻田为基础，以水稻和甲鱼的优质、安全生产为核心，在稳定粮食生产的前提下，大幅降低农业面源污染，是一种高效、生态的循环种养模式，也是稻田综合种养的一项创新实践。在稳定粮食生产和坚守18亿亩耕地红线的国策和方针下，如何利用基本农田进行简单加固，确保稻田内养殖水产符合农业农村部、自然资源部规制要求，在沟、坑、涵严格控制在水稻种植面积10%以内的条件下开展水产养殖。通过深沟、浅沟、坑等协同运作，利用养殖尾水进行水稻种植，可有效降低养殖污染，也能降低水稻种植期间农药和化肥的使用，真正达到养殖环节的节能减排，种植环节肥药双减，达到种养产品提质增效的目标。

三、国内现有主要稻鳖种养模式

根据《中国稻渔综合种养产业发展报告（2022）》，2021年，我国稻渔综合种养面积3 966.12万亩，稻谷产量近2 000万吨，水产品产量355.69万吨；稻鳖种养面积约25万亩，主要分布于安徽、湖北、江西、浙江、广西等省（自治区）。

浙江省目前推广的稻鳖种养模式主要以湖州平原地区"沟坑式"（图1-3）和丽水丘陵山区"梯田式"（图1-4）两种模式为主，已累计推广面积1.5万亩以上。由于现有的稻鳖模式还存在着甲鱼越冬条件和放养年限限制，以及水稻机械化收割不便等问题，因而在浙江省内推广速度缓慢。以德清县

图1-3 平原地区"沟坑式"模式

为例，现有的稻鳖模式（稻田中间挖一定数量50平方米左右小涵）便存在着中华鳖越冬条件不成熟和放养年限限制，以及农机机械化耕种、收割作业不便等诸多问题，同时养殖尾水并不能完全让每个区域水稻均匀吸收利用。要破解这个难题，就需要因地制宜研制一套符合半山区地貌特征的多元化稻渔综合种养模式技术。

浙江省丽水市山区的稻渔共生，主要依托稻田套养瓯江彩鲤为主、甲鱼为辅，尤以青田县的田鱼最负盛名。由于彩鲤是地方性鱼种，杭州地区几乎没有消费习惯，其市场价值相对有限，在省内半山区地貌区域进行推广的可行性不高。可以发展的只能是符合当地消费市场需求大的甲鱼进行共养，利用半山区地貌以及优质的山泉水资源，发展高品质种养产品。

图1-4 丽水丘陵山区"梯田式"模式

第二章
基础设施构建

稻鳖综合种养是一种高效、生态的农业生产模式，其生产意义不仅表现在提高单位面积土地的收益、增加农业综合效益，还能有效稳定水稻生产面积，保障主粮种植面积不减少。同时，也有利于稻田灌溉保水、调节稻田地温，促进稻田环境和土壤质量的改善，保持稻田可持续发展。相对于水产养殖，水稻种植是粗放通用的。只要有水源、渠道、田埂，且土壤结构优良、土地相对平整就能够进行水稻种植。对水资源的需求表现为前期耕田、下肥、防治病虫害时需水；中期需要干湿交替；后期以干为主、保持潮湿为辅，以便于机械化收割，也为后期冬粮种植做铺垫。甲鱼养殖则需要满足稻田常年有可流动优质活水，也需要配置充足的越冬场所，以保障甲鱼冬季安全越冬。同时，养殖环境也需要相对安静，基地位置应远离公路、铁路主干线及居民区。通过构建一套低成本、易复制、可推广的简便基础设施，以解决甲鱼养殖与水稻种养用水的矛盾，是完善稻鳖综合种养的关键因子。

一、半山区地貌定义

所谓半山区，实际上是指该地区海拔相对偏低，一般情况下不高于300米，同时具有三面或者四面环山小盆地特征：一是土地结构不符合平原广阔平整的地貌特征；二是不符合高低不平的丘陵地貌特征；三是没有山区高海拔梯田的特征。半山区地貌山泉水资源相对丰富，天然小环境优，符合高品质农产品生产条件。

二、场地选择要求

甲鱼是一种喜温、喜安静、天生胆小的生物。种养基地需要选择土地相对集中连片，具有优质水源条件、交通便利，同时远离居民区和交通主干线的相对安静的场所环境，特别需注意必须选择远离公路、高铁主干线。如条件允许，最好选择相对独立、可封闭的场地。这样既可便于种、养产品全封闭生产管理，也可确保综合种、养期间，种、养产品的质量安全可控（图2-1）。

图2-1 半山区地貌特征模式

（一）基地条件选择

1. 基地选择

基地选择相对平整连片100亩以上为最佳。以具有较为完善的沟渠、机耕路等已水泥硬化的基础设施为佳，可降低稻鳖综合种养基础设施投入，便于不同阶段农事全程机械化作业。不宜选择地势相对低洼及河道排洪道旁边的稻田，以免发生内涝、漫堤等事故，造成经济损失。

2. 产地环境选择

其中，空气质量应符合《水稻产地环境技术条件》（NY/T 847）的规定，见表2-1。

表 2–1　空气环境质量要求

序号	项目	取值时间	指标
1	二氧化硫，毫米/米³（标准状态）	生长季平均	≤0.05
		日平均	≤0.15
		一小时平均	≤0.50
2	二氧化氮，毫米/米³（标准状态）	日平均	≤0.08
		一小时平均	≤0.12
3	总悬浮颗粒物，毫米/米³（标准状态）	日平均	≤0.30
4	臭氧，毫米/米³（标准状态）	一小时平均	≤0.16
5	氟化物　挂膜法，微克/（分米²·天）	日平均	≤1.8
	动力法，微克/米³（标准状态）	日平均	≤7.0
		一小时平均	≤20

注：1.日平均浓度指一日的平均浓度。

　　2.一小时平均浓度指任何一小时的平均浓度。

3. 土壤条件选择

种养基地土壤结构以黏土为佳，可有效预防底部渗漏，确保种、养期间的保水效果；不应选择土壤含沙石量大、易渗漏、难保水的田块。

4. 土壤要求

其中土壤应符合《土壤环境质量标准》（GB 15618）、《水稻产地环境技术条件》（NY/T 847）、《稻渔综合种养通用技术要求》（GB/T 43508—2023）的规定（表2–2）。

表2–2 水旱轮作土壤质量要求 单位：毫克／千克

序号	项目	指标		
		pH ＜ 6.5	6.5 ≤ pH ≤ 7.5	pH ＞ 7.5
1	镉	0.3	0.3	0.6
2	汞	0.3	0.5	1.0
3	砷	30	25	20
4	铅	90	120	170
5	铬	150	200	250
6	铜	50	100	100
7	镍	40	50	60
8	锌	200	250	300

（二）水源条件选择

1. 水源选择

如条件允许，可选择山塘水库下方的稻田进行稻鳖综合种养，可满足种、养产品夏季高温干旱季节的需水量（表2-3）。

表2–3 淡水底栖类水产养殖产地底质要求

序号	项目	限量值（以干重计），毫克／千克
1	总汞	≤ 0.2
2	镉	≤ 0.5
3	铅	≤ 60
4	铬	≤ 80
5	砷	≤ 20
6	滴滴涕	≤ 0.02

滴滴涕为四种衍生物（pp'-DDE、op'-DDT、pp'-DDD 和 pp'-DDT）的总量

2. 水质要求

稻鳖综合种养水源为同一水源，水质应同时满足水稻种植和甲鱼养殖用水需求。即应同时符合《水稻产地环境技术条件》（NY/T 847）、《渔业水质标准》（GB 11607）和《无公害农产品 淡水养殖产地环境条件》（NY/T 5361）的最严格限量要求（表2-4）。

表2-4　综合种养水质质量要求　　　　　　　单位：毫克／升

序号	项目	标准值
1	色、臭、味	不得使鱼、虾、贝、藻类带有异色、异臭、异味
2	漂浮物质	水面不得出现明显油膜或浮沫
3	悬浮物质	人为增加的量不得超过 10，而且悬浮物质沉积于底部后，不得对鱼、虾、贝类产生有害的影响
4	pH	5.5～8.5
5	溶解氧	连续 24 小时中，16 小时以上必须大于 5，其余任何时候不得低于 3
6	化学需氧量	≤200
7	五日生化需氧量	不超过 5，冰封期不超过 3
8	总大肠菌群	不超过 5 000 个／升
9	汞	≤0.000 1
10	镉	≤0.005
11	铅	≤0.05
12	铬	≤0.1
13	铜	≤0.01
14	锌	≤0.1
15	镍	≤0.05
16	砷	≤0.05
17	铬（六价）	≤0.05
18	氰化物	≤0.005

续表

序号	项目	标准值
19	氯化物	≤ 250
20	硫化物	≤ 0.2
21	氟化物（以 F⁻ 计）	≤ 1
22	非离子氨	≤ 0.02
23	凯氏氮	≤ 0.05
24	挥发性酚	≤ 0.005
25	黄磷	≤ 0.001
26	石油类	≤ 0.05
27	丙烯腈	≤ 0.5
28	丙烯醛	≤ 0.02
29	六六六（丙体）	≤ 0.002
30	滴滴涕	≤ 0.001
31	马拉硫磷	≤ 0.005
32	五氯酚钠	≤ 0.01
33	乐果	≤ 0.1
34	甲胺磷	≤ 1
35	甲基对硫磷	≤ 0.000 5
36	呋喃丹	≤ 0.01

三、场所构建

（一）材料选择

稻田养甲鱼应增加必要的防逃、防盗措施。在合理选择材料的基础上，实施外圈进排水管安装、渠道挡墙平整、防盗网设施构建、防逃膜设施构建。以100

亩面积为基数，设置长度为400米，宽度为167米为宜。

1. 外部防盗材料

外部防盗材料建议选择高速公路护栏网，按照设计年限10年以上，需选择高度1.8米、直径6毫米、宽度3米的护栏网材料；立柱以3米高、直径6厘米为宜。

2. 防逃材料

防逃材料建议选择小龙虾养殖用的加厚塑料防逃膜尼龙围网，需选择高度0.7米、厚度35丝的防逃膜或铁皮。

3. 进排水系统材料

引水渠道至越冬坑进排水接口以及越冬坑至深水沟接口材料选择11#PVC管道，深水沟与共生区块选择16#PVC管道，引水渠道两端需要使用自制焊接钢筋网做成拦截闸口（图2-2）。

图 2-2　进水渠道自制焊接钢筋网拦截闸口

（二）外部基础设施构建

1. 外部进排水系统构建

在原水稻田进排水口处需要预埋多根11#PVC管道，两端需要预留延伸出渠道墙面10厘米，为下一步接闷头盖及弯头做好准备。主要排水口处还需增加一根16#PVC管道作为应急排水通道，然后使用混凝土浇筑抹平即可。引水渠道二端需要使用自制焊接钢筋网进行拦截，防止外围引水时漂浮垃圾、杂物进入渠道，造成越冬坑进水口格栅堵塞，同时也能预防养殖期间甲鱼通过引水渠道外逃。

2. 防逃立柱构建

沿水渠靠近道路的一侧应间隔距离3米，采用专用膨胀螺丝固定立柱，根据实际地形预留两处4米宽的进、出口为农机通道（图2-3）。

图 2-3　立柱安装

3. 防盗网安装

防盗网可使用配套专用螺丝固定安装在立柱上即可，农机通道口需安装配套专用双开门，便于农事作业及日常管理（图2-4）。

图 2-4　防盗网安装

4.防逃膜安装

　　沿防逃网下部用废弃粗铜丝在护栏网上捆扎固定防逃膜，膜下部斜角使用5厘米厚混凝土压实抹平，防止甲鱼打洞外逃；或用下部90度折弯的铁皮替代，安装时采用电气枪冲击直接固定在水泥地面，上部再使用废弃铜丝捆扎固定（图2-5）。

图 2-5　防逃铁皮安装

（三）外围防逃堤构建与作用

1. 堤的构建

使用小型挖机沿外部防逃膜四周构建宽80厘米、高30厘米的泥堤并压实即可。

2. 堤的作用

一是可有效防止稻田渗水，保障水稻种植期间安全水位；二是便于稻鳖共生期间进行日常检查，也方便管理人员的走动。

（四）内部越冬池塘构建

1. 越冬坑挡墙

应选择混凝土立模板浇筑方式，混凝土凝固、硬化后可防止甲鱼打洞而造成堤坝垮塌和甲鱼外逃。

2. 越冬坑防逃隘口

可选择废弃的洋瓦片，经济实惠又方便安装（图2-6）。

图 2-6　越冬坑隘口材料与设置

3. 越冬坑设计

根据图2-7，在基数面积上设置同等大小越冬坑8个，单个面积不超200平方米为宜。稻田方向需比其他方向低20厘米，另外三个方向设置同等高度，便于构建防逃隘口。

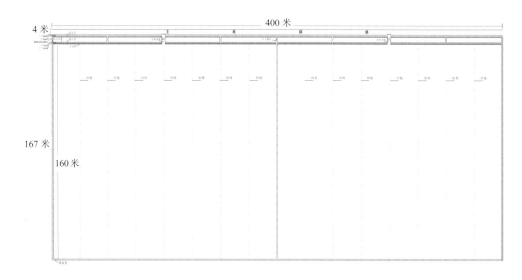

图 2-7　基地构建平面图

4. 越冬坑构建

使用小型挖机按照图2-8，在进水渠道堤坝间隔0.8米距离，朝农田方向挖长48.5米、宽4米、深0.5米的坑，挖出的泥土可用作压实堤坝。单个坑在底部完全平整后，用人工再次沿坑四周修挖宽40厘米、深15厘米的环沟，使用混凝土抹平备用。在抹平的基础上使用双面立模方法，设置三方高度为0.9米，稻田方向高度0.7米，中间厚度20厘米，浇筑前需要预留好进、出排水管道口，使用混凝土直接浇筑方法。浇筑凝固完毕后拆除模板把挡墙上部水平面使用混凝土抹平，再加盖旧洋瓦片设置防逃隘口，瓦片朝越冬坑方向空挑15厘米为宜。同时，采用混凝土在瓦片上面压实抹平即可，便于养殖期间管理人员安全走动。

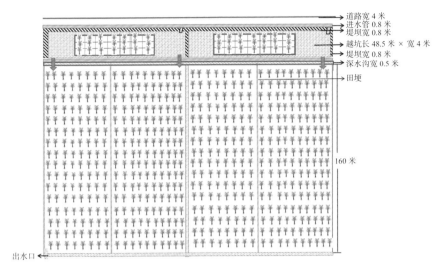

道路宽 4 米
进水管 0.8 米
堤坝宽 0.8 米
越坑长 48.5 米 × 宽 4 米
堤坝宽 0.8 米
深水沟宽 0.5 米
田埂

160 米

出水口

图 2-8　越冬坑构建

（五）进排水管材料选择安装及作用

1. 进排水管材料选择

进水口需设置在渠道方向，渠道与越冬坑采用11#PVC管道连接，越冬坑与深水沟同样采用11#PVC管道连接，越冬坑与深水沟（拦截、沉降沟）用11#PVC管道连接，深水沟与大田区块用16#PVC管道连接。共生区块到外部普通水稻种植区块使用11#PVC管道连接，可保障甲鱼养殖期间用水，同时也能防止甲鱼外逃。因发展稻鳖综合种养需要设置防逃隘口，可根据多年的水文资料汇总分析后，预估最大可能的突发排水量，采取预埋多个16#PVC管道进行防洪排涝。

2. 进排水管安装

在浇筑越冬坑挡墙前设置好进、排水管，每个越冬坑进、排水管用11#PVC管各2根，按照高进水、低排水原则，两端各自露出挡墙10厘米预留弯头接口。

3. 弯头连接

进水口管道连接上可活动弯头，在弯头上部再接一定高度管道，其高度需超出越冬坑最高水面，同时管道顶部需盖上格栅帽盖，防止幼鳖外逃。越冬坑排水管弯头需要连接在坑方向，也需要保持可活动性，根据越冬坑最高水面设置水管高度，同时加盖格栅帽盖防止幼鳖外逃（图2-9）。

图 2-9　进水渠格栅帽盖

4. 作用

进水渠的水面必须高于越冬坑水面水才能通过管道进入越冬坑，排水渠设置在越冬坑底部才能彻底排净越冬坑养殖尾水，便于后期干塘及抓捕养殖产品。如果活动弯头连接在渠道进水位过低时，可通过压低弯头使渠道水顺利进入越冬坑；如越冬坑在水位过低时，也可采取压低弯头排放养殖尾水（图2-10）。

图 2-10　越冬坑至深水沟格栅帽盖

四、深水沟的作用及其原理和材料选择与构建

（一）作用与原理

1.深水沟的作用

深水沟的主要作用是拦截与沉淀越冬坑养殖尾水富营养化物质。经过沉降的养殖尾水可通过底部平行的深水沟排放到共生水稻种植区的任何区块，确保共养期间养殖尾水富营养化物质能被水稻充分吸收、分解、利用，有效降低化肥的使用量，不仅能起到节能减排效果，还能有效提升稻米品质。

2.深水沟的作用原理

设置深水沟的底部低于越冬坑10厘米，其作用首先是起到初步沉降养殖尾水重颗粒物的作用。其次，深水沟底面与水面平行，通过深水沟使得沉降养殖尾水可通过水位落差排放到稻田，让共生区块水稻均衡、充分吸收分解养殖富营养化物质，沉降在深水沟的淤泥也可通过人工挖取到堤坝上给种植的芝麻、高粱等显花植物充当肥料。同时，在共生期间也便于甲鱼自行进出，降低人工捉放造成的误伤（图2-11）。

图2-11 加高深水沟水位把水排放到稻田

（二）材料选择与构建方法

1. 材料选择

深水沟宜使用混凝土进行立模板浇筑。

2. 构建方法

沿越冬坑向稻田平行间隔0.8米，使用小型挖机挖掘一条平行深水沟，沟底部必须低于越冬坑底部10厘米，在挖掘时应尽量确保沟的底部平行水平，以保证越冬坑养殖尾水可通过深水沟排放到稻田任何区块。沟底部采用混凝土浇筑抹平，厚度5厘米为佳，立双模板浇筑高度超出稻田10厘米，沟内宽度0.5米，混凝土挡墙厚度15厘米。同时连接好越冬坑到深水沟管道和预埋好深水沟到稻田管道（图2-12）。

图 2-12　底部平行的深水沟

五、浅水沟功能与设置

（一）功能

浅水沟的主要作用是便于水稻种植期间进、排水，以及后期水稻烤田排水方便。在水稻除草、撒肥、喷药期间，可为甲鱼提供暂时的躲避场所。同时，在共养后期甲鱼可通过浅、深水沟的爬行回越冬坑安全越冬（图2-13和图2-14）。

图 2-13　外部上下双排水管道

图 2-14　连接外部管道

（二）设置

浅水沟需要根据稻田实际宽度设置，在水稻种植前就要规划好，一般按照田坂宽度3～5米设置一条深10厘米、宽度20厘米的浅水沟，设置的田坂宽度需便于种养期间人工或机械化作业管理（图2-15）。

图 2-15　浅水沟

六、数字化设置

（一）远程监控设置

1.选择高清远程监控系统

可考虑选择海康威视监控摄像头，室外使用400万2K高清星光夜视摄像机，需要有防水、防雷电功能。主机可选择海康威视监控硬盘录像机DS–7816N–K1以及8路NVR网络高清监控器主机，主机容量2TB，回看超过30天以上的视频最佳（图2–16）。

图 2–16　8路海康威视监控系统主机

2.监控系统安装和使用

主机安装在管理房内部。根据基地位置实际情况，选择8个摄像头无死角进行设置安装，也可利用既有农用低压电线杆或使用监控专用杆进行固定安装，接通线路即可。安装完毕后，可通过后端数字化网络传输到办公室电脑和手机端进行实时监控（图2–17）。

图 2-17 监控安装位置

（二）水质自动检测仪配置

1. 水质自动检测仪选择

水质自动检测仪选择需要带有自动检测温度、pH、氨氮含量、溶解氧等多功能的一体机设备。

2. 设备安装和使用

主机需要固定安装在管理房内，探头感应针应安装在距离池塘水面下沉15厘米位置。安装完毕后，通过后端数字化网络传输到办公室电脑和手机端进行实时观察（图2-18）。

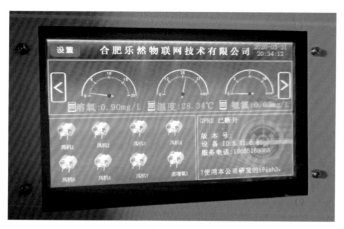

图 2-18 水质自动监控系统

第三章
养殖关键技术

养殖品种与种养茬口选择是种养模式成功的关键，通过优质甲鱼苗种、共生茬口的选择，确保后续通过共养达到提质增效目的。

一、水产放养

管理技术主要包括苗种、规格、放养茬口等。

（一）二段式苗种挑选

1.温室甲鱼种选择

挑选体表光滑且无明显外伤，经过温室大棚培育10个月以上的健康日系中华鳖苗种，按照公母600克以上分两个等级、公母250～550克分两个等级、250克以下一个等级，总共5个等级进行分区域在越冬坑进行养殖。

2.稻鳖共养苗种选择

在稻渔综合种养越冬坑培育两年以上公甲鱼为选择苗种，体重规格控制在0.75～1千克，其目的是增强放养苗种体质，可统一上市规格，降低大面积放养造成的不必要死亡。

（二）二段式苗种放养

1.大棚苗种转越冬坑时间

每年5月下旬至6月中旬露天温度需达到30℃以上、水温26℃以上最佳，同时需要保持以上条件且连续7天以上，才能满足放养条件。

2.大棚降温

育苗大棚在放养前需采取逐步降温方式，确保大棚与露天温度基本达到一致，能有效降低甲鱼苗种因环境不适应而引起的应激反应，造成不必要的伤亡。

3.越冬坑苗种放养大田时间

水稻移栽后20天左右为最佳放养时间。以浙江省为例，每年6月中旬水稻定植后经过第一次追肥，秧苗达到25厘米以上，使其自然搁田后土壤表面有一定硬度，大田区块再注水10厘米左右，这就具备了放养条件。其目的在于，保障放养前期甲鱼不易打洞，以及活动过程中不易压倒秧苗。

4.放养方式

温室苗种转越冬坑养殖放养前15天，越冬坑需用微生物制剂培水处理，甲鱼种放入池塘前应用50毫克/升的聚维酮碘溶液浸泡甲鱼体消毒5～10分钟。越冬坑放养到稻田共生是采取加高越冬坑水位，再利用深水沟、浅水沟让甲鱼自行爬到稻田进行共生，最大程度降低对甲鱼的伤害。

5.放养密度

越冬坑放养甲鱼数量以甲鱼体规格平均0.5千克左右，每平方米放养2～3只为宜。大田共生放养数量，以甲鱼体规格平均1千克左右，亩放养50～100只为宜。

二、饲料投喂

甲鱼的饲料质量应符合《中华鳖配合饲料》（GB/T 32140）的要求。饲料投喂包括饲料选择、投喂方法、数量、次数等。

（一）饲料选择

应选择生产规模相对较大，质量、口碑好的饲料厂的产品。同时，建议根据养殖实际需求，可在饲料中适当添加健胃消食与杀菌两种中药成分配方。建议用膨化颗粒饲料替代普通粉状饲料，这样的好处：一是可减少饲料加工工序，降低人工成本；二是在饲料中适量添加健胃、消食、杀菌成分的中药来替代抗生素，达到全程无抗模式，从而保障高品质产品质量的安全。

（二）越冬坑三定投喂方式

在越冬坑浮框内进行定点投喂饲料，有利于控制饲料投喂量。浮框面积严格控制在4平方米以内，便于因为突发天气造成过剩饲料的打捞，避免因饲料浪费造成的养殖环境污染；根据天气、温度等因素进行定时投喂，让甲鱼养成习惯自行觅食；根据天气、温度、甲鱼觅食情况，按照7分饱原则进行定量投喂，不足部分任其在越冬坑觅食鲜活野杂鱼、螺蛳、害虫等进行补充（图3-1）。

图 3-1　增放螺蛳

（三）越冬坑饲料投喂数量及次数

春末夏初，当室外气温超过30℃，越冬坑水温连续7天超过26℃以上，可选择在中午气温最高时进行少量投喂饲料，应控制在1小时内完全觅食完毕，如果20分钟内觅食完毕可逐步增加饲料投放量。随着气温逐步提升进入夏季高温季节，气温超过35℃、水温达30℃以上时可选择早晚两次进行投喂，同样必须控制在1小时内完全觅食完毕；如果20分钟内觅食完毕，可逐步增加饲料投放量。后期秋季来临，早晚温差大，气温逐步走低，可调整为中午最高温度时进行减量投喂饲料，必须控制在1小时能够完全觅食完毕，再逐步降低投喂量，增加投喂间隔天数，直至停止投喂。

（四）稻鳖共生区投喂方式

放养甲鱼前期，稻田中可适当放养螺蛳、泥鳅、鲫鱼等自行繁殖充当甲鱼鲜活饲料。在共生期间无须单独投喂任何配合饲料，任由甲鱼在稻田觅食天然饲料，也增加了甲鱼本身的活动量。同时，甲鱼的觅食与活动起到了给水稻进行除草、松土等作用，其排泄物为水稻生长提供了天然的肥料，为水稻品质与价值的提升夯实了基础。

三、水质调节

以消毒为辅、培水为主。

（一）越冬坑前期消毒、调水

越冬坑养殖3个月前，在干塘状态下每亩用150千克生石灰化水全池泼洒，进行深度消毒后，任其自然暴晒杀死泥层的寄生虫卵。放养前半个月逐步加满越冬坑水位，每亩用微生物制剂EM原露5千克进行肥水处理。

（二）养殖期间定期消毒与调节水质

越冬坑养殖期间，每半个月或连续阴雨天每亩用二氧化氯200克或50毫克/升聚维酮碘溶液交替进行水体消毒，消毒3天后，每亩用微生物制剂EM原露5千克进行水质调节。

（三）共养区块消毒、调水

共养区块由于是低密度养殖，区域过大无须单独消毒与调水。

四、病害预防

甲鱼养殖期间的病害以预防为主、治疗为辅。养殖期间发生鳖病，应确切诊断、对症用药。药物使用按《渔用药物使用准则》（NY 5071）的规定执行。

五、日常巡查

（一）越冬日常巡查

在饲料投喂季节，需要早晚多次巡查越冬坑。在饲料投喂前巡查，打捞病死甲鱼及漂浮垃圾，所打捞的病死甲鱼必须挖坑深埋，并覆盖生石灰进行消毒处理。同时，检查各个进出水管是否堵塞，以及进水渠道水位的控制，拦截栅栏、水管盖帽是否牢固或者松弛。投喂后巡查的重点是观察甲鱼觅食情况，如果发现剩余饲料必须打捞，同时做好记录，保证下一次投喂时可有效控制该处投喂量，降低饲料浪费、避免水质恶化。日常巡查，主要观察进出水位管道接口是否牢固及水体水质是否稳定，通常每天一次以上。

（二）大田共生区块巡查

共生区块巡查主要集中在早、晚，特别是夜间可有效观察甲鱼在水稻共养期间生长和是否发生病害。在巡查期间，要捞起病死甲鱼，并挖坑深埋，覆盖生石灰进行消毒处理。巡查时要兼顾检查大田排水管帽盖是否完整与牢固，外围防逃膜与防盗网是否破损，如果发现破损应立即修复，防止种养期间甲鱼逃跑。

六、产品捕获、销售方式

（一）大田甲鱼回捕方式

9月底完全搁田后，逐步降低浅水沟、深水沟水位，利用甲鱼趋水性让其自行爬出田块进入越冬池塘集中，同时将池塘水位适当降低，保证甲鱼只进不出，确保大田后期水稻能够全部使用机械化收割，降低人工成本投入（图3-2）。

图 3-2　甲鱼人工回捕

（二）大田剩余甲鱼回捕方式

水稻机械化收割后，将稻田中存留的甲鱼通过人工捕捉方式集中到越冬池塘越冬。

（三）销售方式

根据市场需求，越冬坑采取整坑捕大留小方式分批供应市场。

七、后期拼塘（坑）方式

（一）拼塘（坑）方式

在多个单个的养殖坑全部抓捕完毕后，根据实际塘（坑）的小甲鱼剩余数量、公母进行再次分塘（坑）继续养殖。

（二）消毒处理

小甲鱼分塘（坑）养殖后，剩下的空闲越冬坑在干塘前提下，每亩使用干石灰150千克化水整池（坑）泼洒，深度消毒。

（三）晒塘（坑）

塘（坑）消毒后，需在太阳下暴晒，彻底剿灭池塘（坑）寄生虫卵。

（四）底泥调节

越冬坑经数月暴晒后，会自生长出很多杂草，杂草长到一定高度时，坑可以保留适当水层，水位控制在15厘米左右，任杂草在坑内自然生长，分解坑内有害物质（图3-3）。

图 3-3　越冬坑自然生长杂草

第四章
种植关键技术

一、品种选择

稻鳖综合种养中应选择耐肥性强、抗逆性好、茎秆粗壮、米质优且适应当地气候条件的水稻品种。浙江省主要以符合长江三角洲地区种植的籼粳杂交品种"甬优15#""甬优1538#""甬优5552#""华中优9326#"等优质水稻品种为主。

二、水稻播种

（一）种植模式

种植模式可以采取直播与机插两种模式。

种子用量，建议每亩种子使用1.5～1.75千克，确保水稻有效苗的基础数值，更好地满足水稻高产种植基本条件。

（二）种子浸泡

选择正规渠道购买优质、饱满、无病虫害的种子。浸种前可先将种子提前晒若干小时，再按照每100千克种子使用25%咪鲜胺乳油100毫升＋25%氰烯菌酯50毫升兑水250千克浸泡20小时左右，后用清水多次清洗干净，沥干后再放入恒温箱催芽。

（三）直播种植

大田在二次机耕前下足基肥，机耕平整后按照大田田坂实际宽度分若干小块，田坂设置宽度3～5米区间最佳，便于种养期间田间作业管理。田坂浅沟需要全部与深水沟相通，确保种、养期间甲鱼爬行与后期搁田排水便利。种子经过恒温箱催芽，芽头全部露白后，采用无人机进行播种，边角地带需要采取人工补播，确保整田秧苗分布整齐。

（四）机插育苗

种子经过40小时恒温箱催芽，种子芽头全部露白后采取叠盘暗出苗技术，育苗盆使用基质确保秧苗期生长营养需要，3天后秧苗基本整齐后放入平整水田（无水）中即可，秧苗全部转青后隔天进水一次（浸到秧盘即可），浸泡1小时立刻排干防止秧苗烂根及过软。培育出健康、粗壮的秧苗用于大田种植，以保证水稻高产。

（五）机插种植密度

移栽密度取决于稻田肥力及田间布置。为方便后期共生甲鱼活动，采取直株40厘米、纵株28厘米，在保证合理的种植密度下适当稀植，一般控制在每亩1.0万～1.3万株区间。

（六）机插秧

大田育苗15天左右，在水稻秧苗长到2叶期时，为促进秧苗健康成长，每亩施用尿素10千克进行促根换根；在秧苗长到四叶期时，每亩施用氯钾肥2.5千克、尿素7千克，促进分蘖。在水稻秧苗5～6叶期，采用插秧机进行机械化种植（图4–1）。

图 4–1　机械化插秧

三、移苗、补苗

直播或机插秧后进行合理补苗，确保整田秧苗分布均匀，达到高产苗数。

（一）移苗

直播苗采取就地移栽方法，把密度高的梳苗移栽到旁边密度低或空闲区块。

（二）补苗

机插秧苗补苗，需要在机插后 3 天内完成补苗作业，使用育秧盘秧苗进行补苗（图4–2）。

图 4–2　机插秧后人工补苗

四、水稻施肥

稻田肥料使用原则应符合《NYT 496–2002肥料合理使用准则通则》的规定。有机肥质量应符合国标《精制有机肥执行标准》（NY/T 525）的要求。稻田严禁使用剧毒、高毒、高残留或致癌、致畸、致突变的农药。农药使用应符合国标《农药合理使用准则》（GB/T 8321）（所有部分）的规定。水稻肥料尽量选择有机肥，合理适量使用化学肥料。采用"施足基肥，适量追肥"的原则进行稻田用肥管理（表4–1）。

表 4–1　有机肥质量要求

序号	项目	指标
1	有机质的质量分数（以烘干基计），%	≥ 30
2	总养分（N+P$_2$O$_5$+K$_2$O）的质量分数（以烘干基计），%	≥ 4.0
3	水分（鲜样）的质量分数，%	≤ 30
4	pH	5.5～8.5
5	种子发芽指数，%	≥ 70
6	机械杂质的质量分数，%	≤ 0.5
7	砷，毫克／千克	≤ 15
8	汞，毫克／千克	≤ 2
9	铅，毫克／千克	≤ 50
10	镉，毫克／千克	≤ 3
11	铬，毫克／千克	≤ 150
12	粪大肠菌群，个／克	≤ 100
13	蛔虫卵死亡率，%	≥ 95

（一）基肥

基肥主要利用前茬冬种作物秸秆还田作为有机肥，同时配合氮、磷、钾肥等。在大田二次机耕时每亩使用碳酸氢铵20千克和钙镁磷肥20千克作为基肥。

（二）追肥

直播苗需全部转青后或机插后7天左右，大田加水3厘米左右，每亩使用菜籽饼20千克＋尿素15千克追肥一次，任其自然蒸发进行轻搁田，确保投入品营养成分不流失、可被水稻完全吸收利用（图4-3）。

图4-3　菜籽饼＋少量尿素配比

（三）二次追肥

水稻机插或直播后一个月左右，亩用氯化钾15千克＋尿素5千克进行二次追肥，任其自然蒸发搁田，确保肥效。

（四）施肥原理

稻渔综合种养以确保水稻种植为主，兼顾水产养殖。与常规种植模式有较大区别，需早下肥、勤搁田，确保种养茬口无缝对接，同时也要兼顾后期冬粮种植季节茬口的需求。

五、稻田灌溉

开展稻渔综合种养，灌溉所需水量相对偏多，水质要求相对偏高，灌溉设施也要相对完整。

（一）构筑合理的共养农田灌水系统

稻田要求水源充足，水质良好，排灌方便，环境安静。田块大小根据半山区地貌而定，一般以10~30亩为宜。通过合理构建越冬池塘、深沟和浅沟，方便稻田灌排水。

（二）合理灌溉

水稻种植前期以浅水为主。以浙江为例，8月中旬是稻纵卷叶螟和褐稻虱爆发高峰期，尽量灌满深水，利于甲鱼捕食害虫进行生物防控；9月后逐步开通排水沟，及时搁田。

（三）合理断水与搁田

做到有效分蘖期浅水勤灌、轻搁田，在无效分蘖期可适度重搁，后期搁田逐步由轻到重，9月下旬直至完全搁干，为后期机械化收割水稻和油菜、小麦种植打下基础。

六、除草

稻渔综合种养模式下，稻田杂草的发生往往比单一种植模式的杂草要少，特别是禾本科杂草、莎草科杂草和阔叶类杂草。主要采用人工除草，结合化学轻除草。

（一）化学轻除草

在秧苗定种后一周施肥一次的基础上进行自然浅搁田，每亩用二甲四氯100

克和氰氟草酯60克，24小时后大田注水3厘米左右，间隔24小时后再次全部排干，以降低药物在农田的残留，从而降低药物残留对水产品的危害。

（二）人工除草

二次施肥后，再次轻搁田期间可采取多次人工除草模式，既能有效降低化学品使用概率，也能有效松土促进水稻快速生长。

七、水稻病害防治

稻田病虫害防治以绿色防控为主，在田间外部每30亩安装一台太阳能诱虫灯；同时，在池塘堤坝和机耕路旁空闲地带种植芝麻、黄豆、高粱等显花植物，利用显花植物花期吸引的天敌来降低虫害发生。同时，结合绿色、低毒、安全的化学药品防治（图4-4和图4-5）。

图4-4　太阳能诱虫灯

图4-5　种植芝麻引诱天敌

（一）移栽前期防治

秧苗移栽前3天，每亩使用吡虫啉5克＋康宽氯虫苯甲酰胺7.5克，防治水稻二化螟和稻蚤的滋生。

（二）中前期防治

7月中旬，每亩使用吡虫啉7.5克＋康宽氯虫苯甲酰胺7.5克＋井冈塞呋30克，以防治二化螟、稻蚤、纹枯病。

（三）中期防治

8月中旬，每亩使用烯啶吡蚜酮10克＋康宽氯虫苯甲酰胺10克＋井冈塞呋30克，以防治二化螟、稻蚤、纹枯病。

（四）后期防治

9月上旬，每亩使用烯啶吡蚜酮15克＋康宽氯虫苯甲酰胺15克＋井冈塞呋60克，以防治二化螟、三化螟、稻蚤和纹枯病。

八、收获、入库

（一）搁田与收获

9月初，水稻稻穗进入黄熟期，逐步完全搁干田，于10月下旬至11月上旬完成机械化收获。

（二）水稻分级入库

按照水稻品种、等级进行分批入库。仓库必须具备防潮、防鼠、防雨淋条件。

第五章
浮床水稻种植

稻鳖共生坑浮床水稻种植模式，是以越冬坑为基础，以水稻和甲鱼的优质安全生产为核心，在原稻鳖共生配置的越冬坑得到综合利用前提下，既不破坏原来稻鳖共生模式，也不改变越冬坑稻鳖共生实际用途，除了增加一定数量浮板配置外，不需要增加任何其他辅助设备，可有效解决越冬坑养殖尾水有害物质，使其提早分解与综合利用。目前，生态浮床以种植水生植物为主，运用无土栽培等技术降解水中的化学需氧量（COD）、氮和磷。主要用于处理城市、农村的水体污染、美化环境，但此方法投入大、维护成本高。稻鳖共生－浮床水稻种植模式是以稻鳖共生模式为基础，通过在稻鳖共生田块中配置越冬坑，在越冬坑中设置一定数量的浮板用于种植水稻，既解决越冬池塘中养殖水体富营养化，又能增加水稻种植面积、产量和收益，是稻渔综合种养的重要延伸方式。

一、材料与方法

（一）浮床材料选择

选用高密度聚乙烯环保材料制作生态浮床，单块规格为100厘米×50厘米，种植孔8个。种植杯选择大孔类型，可满足水稻后期根系生长发育实际需求（图5-1至图5-3）。

图5-1　新型大孔种植杯　　　　　图5-2　老式小孔种植杯

图 5-3 浮板材料

（二）浮床拼接方法

在越冬坑旁平整水泥已硬化机耕路上，按照每三块一列，两排为一单元方法拼接，长3~4米、宽1米最佳，便于单人自行搬移，拼接时注意浮床四角数字，依次按照数字1在最下面，数字2、数字3、数字4次序放置使用配套螺母固定拼接（图5-4）。

图 5-4 浮板依次拼接

根据每个越冬坑实际浮床种植面积,依次叠放在越冬坑旁备用。可使用遮阳板覆盖,防止塑料制品长时间在太阳下暴晒引起老化,降低产品使用年限(图5-5)。

图5-5　浮板放置

(三)浮床放置方法

浮床纵向横向每3米留一种植杯空格,四角也需要留种植杯一空格,待秧苗全部定植后,用竹桩穿过留空的种植孔定位于坑底。竹桩高出水面1.5米,保证浮床可根据水位高低自行调节高度。用一次性塑料卡扣将浮床连接成一体,定位于越冬坑距进水口3米、距其他三边2米的区域内,浮床总面积占该越冬坑面积的30%左右。

二、浮床水稻种植

（一）浮床水稻品种选择

品种可选择"江两优7901#""嘉禾香1#"等抗病力、抗倒伏、分穗强、秸秆粗大且相对矮化的优质品种。同时，品质满足本地消费者的口感需求，具有香、糯、滑、亮等特点（图5-6和图5-7）。

图 5-6　江两优 7901#

图 5-7　嘉禾香 1#

（二）浮床水稻育苗

5月初，采取泥田直播育苗方式，每亩使用碳酸氢铵25千克＋钙镁磷肥25千克下足基肥，育苗20天左右，每亩使用尿素20千克快速促根换根准备移栽。同时，每亩使用吡虫啉7.5克＋康宽氯虫苯甲酰胺7.5克＋井冈霉呋30克，以预防二化螟、稻蓟、纹枯病。

（三）浮床水稻种植

秧苗通过施肥达到快速促根、换根以及病害预防后，经过一个月左右的培育达到移栽要求。秧苗根部必须带泥移栽，确保秧苗快速恢复与生长。移栽时尽量选择阴雨天，可防止秧苗因晴热高温天气造成败苗。按照越冬坑长度用竹桩固定好浮床，浮床中先放入专用种植杯，再放入秧苗，每杯放置4～6株为宜。放置一排使用一次性塑料扎带再拼接下一排的方式，直至全部种植完毕。按照预留浮床空杯处使用竹桩进行定位（图5-8和图5-9）。

图 5-8　浮板水稻种植　　　　　　　　图 5-9　浮板定位

（四）防止浮床水稻倒伏

浮床水稻全部种植完毕后，竹桩离水面高度0.8米位置用14#细铁丝进行串联，防止水稻后期稻穗成熟后遇风吹倒伏（图5-10）。

图 5-10　浮板中期固定

（五）浮床除草

浮床水稻种植前，每亩要用化学药品稻千金100克+二甲灭草松100克除草一次，中期在浮板上进行人工除草（图5-11）。

图 5-11　人工除草

三、种养管理

（一）浮床水稻日常管理

一是施肥。水稻移栽后一周，少量补充氮、钾肥，每亩使用菜籽饼20千克+尿素5千克，保证秧苗快速、全部返青所需营养。中后期无需再施肥（图5-12）。

二是水位控制。浮床水位根据越冬坑水位自行调节，越冬坑水位通过预埋的PVC管溢水口调节，并通过微流水控制水质，为稻鳖共生区提供肥水。

三是绿色防控。浮床定位的每个竹竿上挂一片黄板进行诱虫，同时在田埂空闲地块夏季种植芝麻、黄豆、高粱；冬季种植油菜，利用其引诱天敌进行绿色防控。

四是防鸟。浮床水稻后期，在饲料投喂后一个小时，增开驱鸟器进行驱鸟。

图 5-12　浮板水稻齐穗期

（二）中华鳖日常管理

一是投饲管理。选用专用配合膨化饲料，天气晴好的情况下放养后10天，在投料框内投喂少量膨化甲鱼料，训练其定点、定时觅食习惯。饲料中可以按照甲鱼实际需求适当增加各类健胃、消食、杀菌等中药，增强甲鱼养殖期间的体质，确保共养产品高品质。正常摄食后，以"定时、定点、定量、七分饱"为原则，一般投饲量控制在投喂后1小时食完，并根据天气和甲鱼的摄食情况及时调整，越冬坑套养部分螺蛳可充当活饵。二是巡塘管理。每日巡塘4次，观察甲鱼吃食情况；观察进、出水隘口微流水情况，保持越冬池塘水位稳定、水质稳定；做好防逃设施检查。三是病害防治，及时清理残饵，定期消毒和改水，以防为主。四是由于越冬坑面积相对偏小，通过增加浮板水稻种植后养殖水面更加缩小，在夏季高温季节浮板水稻可有效降低坑内温度，根据遮挡阳光的实际情况，空余水面如果有其他浮萍、水葫芦，其生长会严重影响甲鱼健康养殖，因此在日常巡查期间要用细目网兜打捞浮萍、水葫芦等有害植物（图5-13）。

图 5-13　浮萍覆盖水体表层缺氧

四、产品收获

（一）浮床水稻收割

10月中旬稻穗成熟后，人工拔除竹桩，依次将浮床拉近靠堤坝边进行人工收割作业，集中机械脱粒，使用烘干机统一烘干、加工、仓储（图5-14）。

图 5-14　浮床水稻人工收割

（二）甲鱼的捕捞

浮床水稻收割期间适当降低越冬坑水位，确保大田回来的甲鱼只进不出，阻断越冬坑甲鱼爬到稻田的路径。同时，清理深水沟、浅水沟甲鱼，采用人工捕捉方式抓回越冬坑继续养殖。水稻收割后，将大田中剩余的甲鱼再次用人工抓捕至越冬坑暂养，根据市场行情适时上市。

五、浮床与种植杯入库

（一）种植杯入库

种植杯在浮床水稻收割期间可直接拿出，剔除破碎不能继续使用的，其余的清理干净叠好装入编织袋，搬运至管理房保存，延长种植杯使用年限。

（二）浮床入库

浮床水稻收割后，需要按照次序拆开原来的塑料扎带，搬运至越冬坑旁边清理干净，剔除破碎不能继续使用的，依次叠放在水泥机耕路两旁。叠放时需预留充足农机通道，便于农机作业时通行不受阻碍，同时最上层覆盖遮阳塑料板，旁边使用遮阳网包裹四周，防止浮床长时间露天风吹、雨淋、日晒引发的老化而降低使用年限。

六、分析讨论

（一）增加水稻生产面积和产量

通过稻鳖共生——浮床水稻种植技术，在稻田综合种养田块中开挖坑沟，并利用浮床种植水稻，对养殖水体进行有效净化的同时，还可充分利用养分，获得平均652.9千克/亩水稻产量。其技术完全没有影响水稻的产量，技术可行。如果在其他水体和水产养殖池塘中进行推广，可增加水稻种植面积和产量。

（二）提高生产经济效益

浮床种植水稻销售价格40元/千克。由于养殖水质经浮床水稻净化处理，在提高甲鱼品质的同时，还提高了商品甲鱼养殖成活率（达95%）。创建"昊琳"甲鱼品牌，连续多次参加各级政府主办的农业博览会，销售火爆，平均价格240元/千克以上。

（三）改善稻田生态环境

在水稻种植周期中，前期育苗适当少用化肥、农药，稻田为甲鱼提供栖息场所、天然饲料；甲鱼养殖期间的活动能为水稻驱虫、减少施肥量，降低水稻病虫害发生，形成稻鳖共生互补的生态系统。提高稻米和甲鱼的品质，稻米和商品甲鱼均较单一生产方式的产量提高50%以上。稻鳖共生方式每亩化肥和农药开销500元，较单一水稻种植方式减少了50%。外部大田块土壤变松软、变黑、肥力提高。水产养殖用水综合利用不外排，实现循环利用，生态效益明显。

（四）品牌营销是品质农业的保障

创新发展池塘浮床水稻综合种养模式，扩展稻渔综合种养的内容，吸引周边及安徽、江苏、江西、湖北等地组团前来参观学习，稻鳖共生有了浮床种稻的加盟，稻渔综合种养模式更有生命力。2018年起，昊琳公司"鳖鲜稻香"大米三次荣获全国稻渔综合种养优质渔米评比金奖，社会效益明显。

稻鳖共生——浮床水稻种植技术，通过水面种稻与水下养殖相结合，既保证了粮食生产，又净化了水质，美化了环境，还不怕旱、涝，实现稻渔综合种养的可持续发展，社会效益、经济效益、生态效益显著，具有良好的推广应用前景。

第六章
稻米加工、仓储

一、水稻收割

（一）收割茬口

待水稻达到90%的成熟度进行分批收割，确保后续水稻后熟空间，防止由于后期库存稻谷品质退化。

（二）收割方式

按照水稻种植品种、时间、成熟度，分批采用全程机械化收割，有效降低人工费用以及统一稻谷收割期（图6-1）。

图 6-1　机械化收割

二、水稻烘干

（一）烘干方式

全程烘干机自动烘干。稻谷严格执行统一水分标准，确保稻谷品质（图6-2）。

图 6-2　机械化烘干

（二）烘干温度

烘干机温度控制在35～45℃之间，采取慢烘方式提升稻谷品质。

（三）稻谷干燥度

稻谷水分控制在13.5%～13.8%，为后续提升大米品质打下基础。

（四）入库检测

可自行通过外观、千粒重等初步检测稻谷，同时按照批次送到专业检测机构进行农药残留、重金属含量等专业性检测。只有各项检测数据合格，才能入库。

（五）不合格产品处理

检测出的不合格产品，根据不合格情况，凡能利用的可通过当地饲料加工厂，改作饲料加工处理。

三、稻谷仓储

（一）仓库条件

稻谷烘干后放置在干燥专用仓库进行保存。用于储藏稻谷的仓库必须防潮、通风、保持阴凉，同时具备防止鼠害、日晒、风吹、雨淋等基本条件，有条件的最好在底部增加防潮措施（图6-3）。

图 6-3　干燥的室内仓库

（二）放置条件

专用仓库常温保存，梅雨季节注意通风或者复烘一次，防止霉变造成稻谷品质下降。

（三）分级仓储

经各项检验合格的稻谷才能放入仓库。严格按照国家标准，检验色泽、气味、垩白、黄粒、杂质、稻谷完善率等质量指标，并按照种植品种、品质分级等区分进行仓储，便于后续大米分级加工。

四、加工、分级、下脚料处理

（一）加工品种选择

按照种植条件与稻谷的品质进行分等级加工，有助于提升大米品质与销售价格（图6-4）。

图 6-4　成套大米加工设备

（二）加工等级

根据市场实际需求，需设置不同的加工等级，可分一级精制、一级、二级3个等级，这是提升大米品质的关键要素之一（图6-5）。

图 6-5　高品质一级精制大米

（三）分级目的

加工成的一级精制大米，供应相对高端客户群体。其他各级分别满足公司采购、食堂和附近居民的口粮需求。

（四）下脚料处理

下脚料主要包括两部分，米糠和稻壳。米糠可提供给饲料厂或当地养殖农户；稻壳提供给生物颗粒生产厂或当地早竹笋种植户，充当竹笋冬季保温材料。

（五）产品检验原始记录

按照产品等级进行企业内部包装前，要将成品检验原始记录和样品留样保存。原始记录主要包括加工日期、净含量、碎米量、加工精度、不完善含量、水分、杂物含量、黄米以及互混率、色泽、气味等（图6-6）。

图 6-6 入库检测

五、包装、仓储、保鲜

（一）包装材料选择

包装材料必须选择符合国家市场监督管理总局食品级包装材料的要求。需从市场信誉、口碑好的正规渠道进行采购，同时索取包装材料相关的检测报告进行备案。为确保大米品质的稳定性，同时选择具有可真空封口、隔热功能的哑光材料的包装袋，延长大米在保鲜库存放时间。

（二）包装设计印制

严格按照国家市场监督管理总局的食品包装印制要求，外包装明显位置印制包括产品的名称、材料、生产许可证、执行标准、加工等级、生产日期、仓储方法、保质期、净含量、生产单位、生产地址等。设计包装上的介绍与宣传，必须符合国家广告法的各项要求（图6-7）。

（三）大米包装

通过整套大米加工流水线加工后，再使用自动真空包装机进行抽空气真空包装封口，可确保大米后续在保鲜库品质不发生明显退化，有效延长大米的销售时长。

图6-7　规范包装设计

（四）大米仓储

采用保鲜冷库进行保鲜储存，防止霉变、鼠害、虫害等，是大米品质保障的最基本条件（图6-8）。

图6-8　保鲜库保存

（五）仓储温度

保鲜冷库的温度控制在7～11℃为最佳。该储存温度的设定是根据不同温度对大米口感品质的影响试验，通过品尝、检测与分析，总结出保鲜与口感以及营养成分最佳温度进行大米保鲜，实现全年产品可持续销售，确保产品供应与销售价格稳定。

第七章
稻田多元融合

稻渔综合种养多元融合模式主要以原有"半山区地形稻鳖共生"和"浮床水稻种植"两项主要技术为支撑，在此基础上综合研究的综合性延伸技术。模式关键技术包括稻鳖共生、稻渔共生、浮床水稻种植、渔稻麦、渔菜（油菜）轮作、水稻绿色防控技术、水稻机械化收割、烘干、仓储、加工保鲜等综合而成（图7-1）。

图 7-1　多元菜薹收获

　　示范区块坐落在浙江省杭州市桐庐县百江镇百江村杭州昊琳农业开发股份有限公司基地。基地绿色防控水稻种植面积380余亩，稻鳖、稻渔共生实验基地120余亩；该公司主要从事稻鳖、稻渔共生模式技术探索与攻关，经过5年左右不断攻关与基础设施的提升，取得了一定成效，同时也在发展中遇到不少难题。如稻渔共生水稻品种与品质相关因子；稻鳖、稻渔综合互补模式相关因子；有机肥（菜籽饼）使用技术对提升大米品质的相关因子；大米保鲜与其品质的相关因子等。

一、主要种、养工作

（一）稻鳖共生大田区块的水稻种植

1. 准备工作

5月初，春粮小麦、油菜收割后，采取秸秆还田模式确保土壤有机质含量，在第一次机耕农田时规划好浅水沟大致方位，为后续插秧做好准备。

2. 品质选择

水稻选择"甬优15#"和"甬优17#"为主要品种，试验品种"甬优5552#"；5月10日左右统一叠盘暗出苗方式进行水稻育秧，育秧时适当使用少量有机肥做基质，确保秧苗能健康快速生长。

3. 育苗

育苗期间按照每亩钙镁磷肥和碳酸氢铵各20千克打底肥后，进行二次机耕，同时按照田块布局进行浅水沟设置，为后期越冬池塘与深水沟和浅水沟的无缝对接打下基础。

4. 下肥、补苗

6月初，采用插秧机插秧后一周，进行人工补苗和下肥工作。在撒肥前需预留3厘米左右水层，每亩按照干菜籽饼20千克+尿素15千克进行全区块均撒，任其在稻田水自然蒸发后进行第一次浅搁田，确保菜籽饼在稻田充足、有效地分解。干菜籽饼经过前期在稻田基肥中含磷作用下完全腐烂分解后，让水稻根系充分吸收，继而达到提升土壤有机质含量，满足高品质水稻生长的需求。

5. 除草

稻田在第一次搁田时，每亩要使用低毒生物制剂稻千金100克+二甲灭草松100克进行除草，防止因草害而造成水稻减产。后期要多次进行人工拔草，确保高品质水稻健康生长。

6. 前期防病虫

水稻种植前期要注意二化螟等危害，可根据当地植保站提供的高峰期预报，按照每亩使用低毒生物农药康宽氯虫苯甲酰胺7.5克＋吡虫啉20克进行防治。

7. 二次追肥

7月初，按照每亩尿素5千克+氯化钾10千克再施肥一次，确保后期水稻营养跟进与秸秆的硬度，防止水稻倒伏造成不必要的损失。

8. 水分控制

8月初，由于水稻需要防治病害和高温影响，可适当增加大田区块水位，采取干湿结合、交替方式，确保稻田基础硬化与水稻生长平衡需求。

9. 搁田、烤田

9月中下旬，由于水稻抽穗、拔节的水分需求加大，需要阶段性增加水分进排。10月初，稻田需要完全搁干，稻田的浅水沟用人工操作方式逐步排干水分，确保后期收割机作业和冬粮机械化种植。

10. 化肥使用

水稻种植最后一次氯化钾使用后，不允许再用氮、磷、钾类的肥料投入。9月中旬，在水稻稻穗完全谢花后可微量使用富硒+磷酸二氢钾叶面进行喷施，增加水稻稻谷中微量元素含量，继而提升大米品质。

11. 中期防病虫

8月初是4～5代二化螟和稻飞虱虫害爆发期，每亩使用低毒生物农药烯啶吡蚜酮10克＋康宽氯虫苯甲酰胺10克进行预防；同时也要预防前期水稻稻瘟病和纹枯病，可每亩同时使用低毒生物农药阿维菌苯酰胺10克＋井冈霉素200克进行均匀喷洒。

12. 后期防病虫

9月中旬是稻瘟病、稻曲病、6代二化螟及稻飞虱高峰期，每亩使用低毒生物农药井冈塞呋60克 + 金阻50克 + 康宽氯虫苯甲酰胺15克 + 烯啶吡蚜酮10克进行喷洒预防。

（二）越冬池塘浮床种植水稻工作

1. 浮床拼接

在空闲时购置浮床，按照越冬池塘面积可安装适量浮床，并在堤坝平整的地方进行拼装。安装完毕后，再放入越冬池塘堤坝旁固定位置叠放，为后续浮床种植预留时间。

2. 浮床水稻品质选择

水稻需选择"江两优7901#"或"嘉禾香1#"等符合和适宜当地种植的矮秆品种，因为越冬池塘水稻种植是在全部带水条件下，需要适当提前育秧，为日后能够与大田同一个收割期打下基础。

3. 培育秧苗

5月初，采取谷种小田直播育秧，适当下足基肥，经过20天培育再用少量尿素进行促根换根，这样可保证5天后拔秧苗时秧苗根系发达，同时带泥的效果好。

4. 移栽

5月底，将带有少量泥巴的秧苗，按照浮床每个孔5～6株秧进行定植。无需加土和加肥，按照放好一排再放下一排的方式，直到该越冬池塘全部放完，再利用竹竿打桩定位。

5. 下肥

浮床水稻定植后一周，使用少量尿素和干菜籽饼进行追肥。这样可有效解决

水稻前期根系不发达情况下肥力不够、不能快速生长与分穗的问题。亩尿素和菜籽饼用量严格控制在5～10千克。

（三）甲鱼与鲤鱼放养工作

1. 甲鱼规格挑选

3月开春后，越冬池塘存塘甲鱼需按公、母大小分等级进行拼塘，便于集中管理及空塘消毒、暴晒处理。

2. 温室出苗

5月下旬，当平均气温连续7天30℃以上，水温26℃以上，便可进行温室苗种放养越冬池塘的工作，放养半个月内可不投喂饲料，以防止甲鱼因为环境变化等因子发生爆发性疾病。

3. 三定投喂法

甲鱼放养15天后，要逐步开始定时、定点、定量进行饲料驯化性投喂。利用塑料浮框固定投饵区域，可减少饲料浪费，也便于检查饲料觅食情况。

4. 搁田、烤田

大田水稻二次施肥自然搁干后，加满经过一年露天养殖越冬池塘的水位，利用甲鱼的趋水性使其自行爬到大田区块进入共生模式。经过两年露天养殖后的甲鱼，环境适宜性、体质都明显提高，符合大田套养的养殖条件，确保甲鱼的成活率与回捕率。

5. 锦鲤坑设置

部分农田因为基础条件欠缺，可在稻田中间区块按照深度0.3米、宽度0.8米、长度可根据稻田实际情况挖取一定数量的水沟，开展稻田套养鲤鱼的模式，既增加了稻渔综合种养模式的多样化，又可降低单一套养的风险（图7-2）。

图 7-2　结构不理想区域套养锦鲤

二、关键技术要领

（一）种植技术要领

1.品种与品质的关联性

水稻品种要选择矮秆、稳产、抗倒伏的优质品种，同时要符合当地消费者口味，按照下肥宜早不宜迟原则，尽量保证水稻生长与分穗的营养需要。

2.培苗与移栽关键技术

浮床需要提前育苗，移栽时需提前施换根肥，确保移栽苗能少量带泥，能让秧苗快速生长，根部快速生长到浮床篓下固定秧苗。

3.大田搁田技术关键

勤搁田，确保后期稻田能够充分搁干，为机械化收割打下基础；同时，大田区块充分搁田后，甲鱼就不容易在农田中间打洞假性冬眠，利用中华鳖趋水性经

过浅水沟、深水沟自行爬回越冬池塘安全越冬。

4. 生物多样性

浅水沟、深水沟、越冬池塘可套养部分螺蛳、泥鳅等，实现共生区域生物多样化，达到生态平衡效果。

（二）饲料投喂管理技术

1. 三定投喂

越冬池塘安装固定浮框进行定点、定时投喂，为后期稻田逐步搁田后甲鱼自行爬回越冬池塘打下基础。

2. 控制投喂数量

根据当天气温进行定量投喂，控制饲料投喂量，以减少饲料浪费，有效控制诱发养殖池塘水质恶化因子，降低生态甲鱼和鲤鱼在养殖期间疾病发生概率，降低药物使用。

3. 根据季节变化调整投喂数量

根据温度或早晚或中午进行定时投喂。7—8月高温季节可按照早8点前和下午4点后两个时间段进行一天两次投喂；6月和9月两个阶段由于温度相对不稳定和偏低，可在正午按照一天一次来投喂，既不浪费饲料，也确保生态甲鱼生长需求；如遇降雨和低温天气，采取隔天投喂一次，10月初后，视天气与水温条件，逐步加大间隔天数投喂或停止投喂。

4. 采取七分饱原则

根据甲鱼、鲤鱼觅食情况、控制在其七分饱原则进行合理投喂，不足部分的饲料，可让甲鱼和鲤鱼自行在大田区块觅食鲜活饲料补充。这样既能降低饲料投入成本，也能让生态甲鱼和鲤鱼在稻田觅食害虫，达到松土效果，有效控制水稻种植肥、药的投入量。

（三）水产病害预防

1. 按时消毒

越冬池塘（坑）每次暴雨过后消毒一次或每隔半个月消毒一次，按照"以防为主、治疗为辅"的原则，预防生态甲鱼与鲤鱼疾病。

2. 根据换水数量消毒

越冬池塘（坑）大换水后消毒一次，避免因为养殖区域大换水后诱发病害因子。

3. 消毒药品多样性

消毒药品多样化。消毒药品主要以二氧化氯进行消毒，每亩使用量200～500克，聚维酮碘类为辅，每亩使用量250克。

4. 肥水

每次消毒后3天，使用EM原露调节水质，每亩使用量1 000克，如水质清瘦，可每亩使用生物制剂黑马500克进行水体培肥。这样能有效控制青苔生长，防止池塘底部缺氧造成水质恶化。

（四）养殖水位控制

1. 水位调节

7月至8月底，由于普遍高温，日均温度可达35℃以上，此阶段要加大对越冬池塘水体交换。这样的好处是：一是可降低水体温度，二是可降低池塘水体氨氮含量，三是可把大量肥水置换到大田区块进行分解，让水稻生长充分吸收水产品养殖的有机排泄物，继而提升稻米品质。

2. 勤搁田、烤田

8月至9月中旬，大田区块采取分阶段逐步搁田方式，多次清理浅水沟与深水

渠，利用甲鱼的趋水性，训练甲鱼利用浅水沟与深水渠及越冬坑无缝对接，为后期到越冬坑安全越冬打下基础。

3. 勤清沟渠

9月下旬，在水稻基本断水后，再次人工清理浅水沟与深水渠，在清理时采取人工捕捉方式把滞留在大田区块的部分甲鱼，放养到越冬坑集中越冬。

三、水稻收割、烘干、加工、仓储技术

（一）水稻收割、烘干技术

1. 分段收割

详见水稻收割。

2. 烘干后存放

详见水稻收割。

（二）浮岛水稻收割、烘干技术

1. 人工收割

浮岛水稻收割要人工收割。首先需拔去定位竹桩，解开拼接塑料接扣，分片拉到塘（坑）边进行人工收割。

2. 人工晒干

要想水稻品质高，就需要利用太阳自然晒干、人工去杂，水稻水分应控制在13%左右。

3. 回收材料

在收割的同时，尽量把固定秧苗底篓收集起来，以备来年继续使用，浮板也一并堆放机耕路上或管理房集中整理维护，以延长使用年限。

（三）大米加工、保鲜技术要领

1. 分级加工

根据收割入库的水稻品种、品质进行分级加工。可分特级、一级、二级3个标准，相对应品种、加工精度、完善率、碎米控制率等见表7-1。

表 7-1　大米采收及相对应数值

等级	水稻品种	碎米控制率（%）	精度最高值（机器值）	精度最低值（机器值）	整精米完善率（%）	米筛直径（毫米）
特级	甬优 15#	−10	360	330	90+	3.5
一级	甬优 5552#	−15	340	320	85+	3.0
二级	甬优 17#	−20	320	280	80+	2.6

2. 保鲜准备

大米加工后要在保鲜库储存，防止鼠害、霉变，避免品质退化等。

3. 保鲜技术

入库大米需全部真空包装，防止保鲜库运作时空气进入大米包装袋，控制冷库温度零下3℃运作24小时，杀灭寄生虫卵，再把温度自动控制在7～11℃，其大米品质与口感最佳。

四、水产收获与销售

（一）锦鲤抓捕、销售模式

1. 锦鲤诱捕

9月后，利用稻田区块鲤鱼的趋水性，让其集中到深水渠或统一抓捕到一个无甲鱼的越冬坑进行暂养，进水渠鲤鱼可继续原地养殖。

2. 分批上市

根据客户需求分批上市，使用地笼抓捕。

（二）稻田甲鱼抓捕、销售模式

1. 甲鱼趋水回捕

水稻收割前，利用甲鱼趋水性，让稻田区块内的大部分甲鱼爬回越冬坑，沟渠少量甲鱼采取人工捕捉抓回越冬坑。

2. 分标准上市

按照各区域甲鱼养殖公母、年份、规格，根据各类市场需要以零售为主、批发为辅进行分批销售。

3. 捕捉方法

采取抓干一个池塘（坑）再抓下个池塘（坑）方式，减少抓捕过程中对甲鱼的伤害。同时，也要预留来年放养稻田的甲鱼种苗。

4. 清塘、消毒

清塘（坑）后利用空闲季节，整理池塘，清理淤泥，用生石灰消毒后暴晒，为来年再次养殖做好准备。

冬季增加油菜、小麦的轮作，有效减少冬季稻田滋生杂草，同时也能降低油菜、小麦种植期间的化肥投入。

五、菜、麦轮作

（一）油菜轮作模式

1. 油菜种植

10月下旬水稻全部收割后，前期稻鳖共生期间稻田有大量有机质沉积，可采取药、肥双减的栽培技术（图7–3）。

图 7-3 油菜开花季节

2. 油菜品种选择

选择"越优1510#"品种，亩种子用量0.3千克，采取机耕直播，每亩用专用复合肥15千克，以及草铵膦200克处理杂草。

3. 除草

在四叶一心期，每亩用盖草能30克二次除新草。除草3天后亩用尿素10千克＋氯化钾7.5千克追肥一次。

4. 下肥

来年1月下旬，每亩用尿素5千克＋硼砂200克二次追肥；2月下旬，每亩用甲基托布津100克＋吡虫啉30克预防菌核病、蚜虫等危害。

5. 收割、加工、销售

5月中旬，机械收割油菜籽后加工销售，加工废弃物菜籽饼再还田充当水稻种植有机肥（图7-4）。

图 7-4　越优花叶油菜

（二）小麦轮作

1. 小麦种植

11月下旬，水稻全部收割后，前期稻鳖共生模式中有大量有机质沉积，采取药、肥双减栽培技术种植小麦（图7-5）。

图 7-5　小麦轮作

采取机耕直播方式播种小麦，选用扬麦188小麦品种。每亩用种量15千克，每亩施小麦专用肥20千克。播种后，每亩用草铵膦200克杀老草。

2. 除草

出苗整齐后三叶一心期，每亩用丁草胺125克喷洒除新草，防止滋生杂草妨碍麦苗正常生长，除草3天后每亩用尿素10千克＋氯化钾10千克追肥一次。

3. 拔节肥

来年1月底，每亩用尿素10千克增施小麦拔节、壮秆肥一次。

4. 中期病害预防

3月下旬小麦齐穗期，每亩用甲基托布津100克预防小麦赤霉病一次。

5. 后期病害

4月初小麦扬花期结束，每亩用甲基托布津100克＋吡蚜酮30克预防小麦赤霉病、蚜虫等危害。

6. 收割、销售

5月下旬机械收割、烘干，集中供给当地国家粮食储备中心。

六、经济效益与社会效益

（一）经济效益

1. 甲鱼效益

稻鳖共生甲鱼经过技术部门和专家120亩进行打样测产，其平均规格达0.95千克，总产量达1.5万千克，销售价格每千克240元，预计收入360万元以上。

2.锦鲤效益

示范区锦鲤预计总产量可达800千克，平均规格0.25千克/尾，销售价格可达8万元以上。

3.水稻效益

示范区水稻经过实际测产，亩产量达565千克，项目区块水稻销售收入80万元。

4.总效益

示范区总收入可达448万元，亩均收入3.7万元，亩均利润可达1.5万元，经济效益明显。

（二）社会效益

1.产品荣誉

2020年度荣获首届桐庐县金穗奖、杭州市"十大好味稻"金奖、浙江省好稻米优胜奖，连续三次荣获全国稻渔综合种养优质渔米金奖等殊荣，社会效益显著。

2.企业荣誉

2020年度荣获浙江省高品质绿色科技示范基地、浙江省农业科学院实训基地、桐庐县农村科普示范基地、省级稻渔综合种养示范基地、浙江省水产绿色健康养殖"五大行动"示范基地等荣誉。

3.辐射推广

稻渔综合种养基地得到上级领导和各级农业农村部门的重视和支持，各类科研院所、大专院校和各级农技、水产部门作为参观考察和推广的示范性基地。

七、难以抗拒的自然灾害

1. 突发自然灾害

每年6月中旬至7月上旬是长江中下游地区特有的梅雨季节。梅雨期间，阴雨绵绵，湿度高、闷热，易出现稻渔共生区块难以搁田、草害、虫害难以控制等局面，后期杂草生长高于水稻继而造成水稻减产。

2. 机械化作业困难

稻渔共生后，因为大田区块中水分充足，甲鱼容易提前在稻田中假性冬眠等情况出现，使后期机械化作业困难。在作业时，容易压死甲鱼。

3. 台风与洪水灾害

在暴力梅作用下，山区极易发生突发性山洪暴发，冲垮基地设施，造成共生基地水稻倒伏，甲鱼、鲤鱼逃跑或死亡。

4. 后期阴雨季节

由于2022年9月中旬连续下雨，同时降温速度过快，造成水稻扬花期光照不足，水稻生长期延长20余天，后期水稻成穗不理想，水稻减产明显。

5. 倒伏与雀害

后期连续阴雨，易使浮板水稻部分倒伏，叠加麻雀等鸟兽影响，造成产量不理想等情况的存在。

6. 其他问题

高品质稻、鳖产品在实际销售过程中，市场销量扩大效应不显著。此外，因各地土壤结构不尽相同，本技术模式的参数仅供参考。

半山区地貌多元化稻渔综合
种养模式技术与实践

八、推广前景

（一）整体效益

1. 药、肥双控

发展稻渔综合种养模式，能有效达到节能减排的目的，化学投入品药、肥双控取得实效。

2. 生态多元

多元化种养模式建立了"一水多用，稻田有鳖，塘中有稻，田中有景，堤坝花开"的生态科学布局。

3. 提升土地综合利用

多元化种养结合、轮作结合，有效提高土地使用率，利用生物链有效分解单一种植或养殖所产生的有害物质。

4. 延长产业链

多元化种养、加工有效提升了农产品品质与价值，延长产业链，继而提升区域性绿色生态高品质农产品的发展。

（二）示范推广前景

1. 解决养殖用地瓶颈制约问题

我国地少人多，特别是长江三角洲地区人口高度密集，发展稻渔综合种养、轮作可有效破解土地资源不足之瓶颈。

2. 满足消费者追求高品质生活需求

人们从要吃饱到要吃好，再到吃健康、注重养生之转变，就是从追求农业的产量到追求质量的实质性转变。从农业生产端来看，只有高品质的生产才能达到生产的高效益（图7-6）。

84

图 7-6　基地全貌

第八章
产品提质增效

为满足人们对食物高品质的要求，对提升稻鳖品质的技术探索具有迫切的现实意义（图8-1）。

图8-1 稻菜、稻麦轮作基地新貌

稻鳖综合种养模式经过多年示范应用得到了一定的推广，稻鳖产品也在推广中不断提升。该模式在甲鱼与水稻共生期间不使用任何高毒、有害、残留期长的化学品；在养殖过程中甲鱼的排泄物能够转换成一定数量的有机质提供给水稻生长，甲鱼的活动在一定程度上可改善稻田土壤理化性状，稻渔相互促进，稻田化肥和农药用量普遍减少的基础上，达到了减肥、减药的"双减"要求。同时，由于甲鱼的营养价值主要体现在多年养殖的沉淀，优良的养殖环境和养殖水源，通过整合优化甲鱼三段式养殖模式，延长了甲鱼的养殖年限继而提升了其品质与价值。

一、甲鱼的三段式养殖管理

甲鱼的三段式养殖按空间分为大棚、越冬坑、田间，管理技术主要包括苗种、放养密度、放养时间、饲料品种及投喂方式等。

（一）三段法养殖池塘条件

1. 第一段：大棚选择

保温性能好，池塘不漏水，进排水系统独立分开，水、电、加温等条件配置齐全。

2. 第二段：越冬坑选择

越冬坑在前期抓捕期结束后，利用空闲季节做好堤坝加固、防漏、底部平整等工作。

3. 第三段：共养田选择

共养田经过上季油菜或小麦种植后，需整理加固外部防盗、防逃设置、进排水口。完成插秧后及时整理好深水沟、浅水沟，准备放养工作。

（二）三段式甲鱼苗种挑选

1. 温室苗种选择

选择从省级水产原良种场或水产种子种苗经营许可证企业引种，确保甲鱼苗种的纯度达标、途径合法。

2. 越冬坑苗种选择

相同内容见二段式苗种挑选。

3. 共养苗种选择

选择在越冬坑培育两年以上的公甲鱼为苗种（3龄母甲鱼已达到性成熟，后期生长速度不佳，不建议选择）。该苗种通过露天养殖后体质强，符合共养苗种选择要求，规格也能够满足在0.75～1千克之间的最佳选择条件，其目的是保证放养苗种质量、上市规格统一，解决了温室苗种直接进入共养环境而不适应的问题，避免出现大批死亡。

（三）消毒、调水

1. 温室大棚消毒、调水

温室大棚在全封闭状态下要进行多次定期消毒，按照每平方米使用二氧化氯5克或碘制剂1克进行交替消毒，消毒3天后每平方米使用EM原露20克进行水质调控，严格控制养殖水体透明度，创造最佳池塘养殖环境。

2. 越冬坑消毒、调水

养殖3个月前，干塘状态下每亩使用150千克生石灰深度消毒后，在自然暴晒状态下杀死泥层的寄生虫卵，放养前半个月逐步加满越冬坑水位，每亩使用EM原露5千克进行肥水处理。越冬坑养殖期间每半个月或连续阴雨天每亩用二氧化氯200克定期进行水体消毒，消毒3天后每亩使用EM原露5千克进行水质调控。

3. 共养区块消毒、调水

共养区块无须单独消毒与调水。

（四）苗种放养

1. 大棚苗种放养

育苗大棚按照35只/米^{2}左右密度进行放养，放养前需使用浓度盐水3～5浸泡5分钟进行消毒处理。

2. 越冬坑放养

育苗大棚在放养前需采取逐步降温方式，确保大棚内、外温度达到一致，能够有效降低苗种因环境不适应而引起的应激反应，造成不必要的伤亡。每年5月下旬至6月中旬，气温需连续7天达到30℃以上，水温26℃以上才能满足放养条件。

3. 大田共养

6月中旬，水稻定植后经过第一次追肥，当秧苗高度达到25厘米以上，让其自然搁田待土壤表面有一定硬度，再注水10厘米左右准备放养。目的在于保证放养前期甲鱼不易打洞，以及在觅食过程中压倒秧苗。加高越冬坑水位，使其与稻田方向隘口平行，同时利用深水沟、浅水沟让甲鱼自行爬到稻田进行共生，最大程度降低甲鱼因人工抓捕放养所造成的伤害（图8-2）。

图 8-2　大田共养

（五）饲料投喂

1.温室大棚养殖饲料选择

相同内容见第三章饲料投喂饲料选择。

2.越冬坑养殖饲料选择

相同内容见第三章饲料投喂饲料选择。

3.共养饲料选择

稻田在放养甲鱼之前，可适量放养螺蛳、泥鳅等，在共生期间无须单独投喂任何配合饲料，甲鱼在稻田捕捉各类生物充当天然饲料，觅食饲料的同时也增加了甲鱼的运动量。同时甲鱼的排泄物为水稻生长提供了天然有机质，为后续产出高品质稻鳖产品打下基础。

（六）甲鱼的抓捕与销售

1.温室大棚甲鱼抓捕

通过10个月左右集约化养殖后，甲鱼的平均规格达到0.45千克以上，外部温度达到30℃以上，同时该温度需连续5天以上，才能打开温室通风口采取逐步降温方式进行降温，直至大棚内、外部温度达到一致。采用放干池塘水后再行全部抓捕的方式，后续按照规格、公母等不同标准经过挑选后，到越冬坑进行再次养殖。

2.越冬坑甲鱼抓捕与销售

根据公母、规格等不同进行分塘抓捕。第一年大规格母甲鱼统一供应批发市场、酒店，缓解稻鳖综合种养资金压力。公甲鱼以留种为主，部分大规格稻鳖经第二年养殖后，根据市场需求进行分批抓捕销售。小规格稻鳖公母混养苗种，要利用空闲季节进行公母分塘后继续养殖，或销售给其他种养大户作为苗种。

3.共养区块甲鱼的抓捕、销售

大田共养区块在8—9月时间段，采取前期多次轻搁，后期一次性重搁的搁田方式，利用甲鱼在稻田无水季节的趋水性，使其自行爬回越冬坑进行集中。共生区块彻底搁田后，及时清理浅水沟把遗留的甲鱼采用人工抓捕方式抓回越冬坑进行集中。甲鱼的日常零售，如果是共养期间可在晚上巡查稻田时抓捕销售；后期采取单个越冬坑集中抓捕方式，按不同规格筛选后放入冷库进行批发或零售，产品全年可销售。

二、水稻种植管理

（一）品种选择

稻渔综合种养过程中，应选择耐肥性强、抗逆性好、茎秆粗壮、米质优且适应当地气候条件的水稻品种。浙江省主要以适合长江三角洲地区种植的"甬优15#""甬优1538#""华中优9326"等籼粳杂交优质水稻品种为主。

（二）水稻种植

选取优质种子，用恒温箱进行催芽。采取叠盘暗出苗技术，培育出健康、粗壮的秧苗用于大田种植。大田育苗15天左右，在水稻秧苗长到2叶期时，每亩施用尿素10千克进行促根换根。采用插秧机进行机械化种植。为保障共生甲鱼的活动，水稻种植采取直株40厘米、纵株28厘米，适当稀植。

（三）水稻施肥、稻田灌溉

水稻肥料选择以有机肥为主，适量使用化学肥料作为辅助。稻田要求水源充足，水质良好，排灌方便，环境安静。

（四）除草、病害防治

稻渔综合种养模式下，稻田杂草的发生状况往往比单一种植模式下的杂草发生要轻，特别是禾本科杂草、莎草科杂草和阔叶类杂草，采用人工除草结合化学轻除草的方式即可解决。稻田病虫害防治以绿色防控为主，同时结合低毒、安全的化学防治技术。

三、种养过程的提质分析

通过甲鱼的三段式养殖模式，养殖对象的品质有所提高，主要体现在甲鱼肉质紧实细腻、有咬劲、胶原蛋白含量高。通过种养融合模式，水稻种植过程中充分分解吸收了天然有机质，米饭具有软、糯、香、滑，煲粥入口即化等特色。

（一）养殖过程的提质

1.温室大棚养殖的提质

前期采用温室大棚集约化养殖，确保种苗成活率与平均规格的一致性，便于满足后期放养标准。同时，解决了甲鱼在苗种期因其规格小，在露天环境培育容易遭受鸟（白鹭为主）、鼠、蛇等天敌危害的难题。

2.越冬坑养殖的提质

在越冬坑养殖中，需严格控制甲鱼的饲料投入，采取七分饱原则，减少因饲料过度投喂造成养殖水体环境的污染。通过配合饲料添加健胃、消食、杀菌成分为主的中药，确保越冬坑甲鱼的养殖全程无抗生素使用，达到提质的目标。

3.共生养殖的提质

大田共生鳖养殖期间不投喂任何配合饲料，由甲鱼在稻田自由捕捉害虫等充当饲料。同时，通过长时间、长远距离的爬行活动增强其体质，使其品质几乎与野生甲鱼相媲美。

4.三段式协同延长养殖年限

通过三段式协同养殖可延长甲鱼的养殖年限，确保鳖龄最低可达到4年以上，各项指标符合有机生态高品质甲鱼的要求，提高了其经济价值。

5. 开展中华鳖营养品质分析（表8-1和表8-2）

表 8-1　两种模式外形对比甲鱼数据值

	外塘养殖组	稻鳖养殖组
体重（克）	567.4 ± 8.6	551.0 ± 12.2
体长（厘米）	16.16 ± 0.33	16.26 ± 0.50
体宽（厘米）	13.06 ± 0.40	12.69 ± 0.26
体高（厘米）	3.95 ± 0.13	3.98 ± 0.14
裙边重（克）	26.55 ± 1.53	27.03 ± 0.88
裙边比（%）	4.67 ± 0.26[b]	4.91 ± 0.27[a]
脏体比（%）	18.51 ± 0.63[a]	17.06 ± 0.23[b]

表 8-2　两种模式营养月份对比数据值

	外塘养殖组	稻鳖养殖组
肌肉		
水分	77.25 ± 0.51[a]	76.76 ± 0.42[b]
粗蛋白	18.56 ± 0.60[b]	19.27 ± 0.24[a]
粗脂肪	0.53 ± 0.02[a]	0.35 ± 0.01[b]
灰分	0.97 ± 0.19	0.83 ± 0.03
裙边		
水分	73.21 ± 2.89	74.84 ± 2.84
粗蛋白	24.50 ± 0.69[b]	26.76 ± 0.75[a]
粗脂肪	0.03 ± 0.01	0.02 ± 0.01
灰分	0.26 ± 0.10	0.22 ± 0.07

注：a为单独外塘养殖；b为稻鳖共养模式。

结果表明，稻鳖共生养成的甲鱼，在裙边比、蛋白、脂肪、氨基酸组成等指标均显著改善（表8-3）。

表 8-3　两种模式营养成分对比数据值

干重（克/100 克）	外塘养殖组	稻鳖养殖组
赖气酸 Lys	5.91 ± 0.31[b]	6.52 ± 0.14[a]
精氨酸 Arg	5.01 ± 0.11	4.85 ± 0.13
蛋氨酸 Met	2.24 ± 0.14	2.12 ± 0.08
组氨酸 His	2.34 ± 0.10	2.42 ± 0.07
亮氨酸 Leu	6.52 ± 0.35	6.67 ± 0.11
异亮氨酸 Ile	3.81 ± 0.25	3.67 ± 0.08
苯丙氨酸 Phe	3.16 ± 0.15	3.13 ± 0.07
苏氨酸 Thr	3.61 ± 0.20	3.51 ± 0.09
缬氨酸 Val	3.64 ± 0.19	3.58 ± 0.06
$\sum$EAAs	36.53 ± 1.73	36.28 ± 0.64
谷氨酸 Glu	12.56 ± 0.50	12.65 ± 0.34
天冬氨酸 Asp	7.12 ± 0.31	7.14 ± 0.06
甘氨酸 Gly	4.69 ± 0.17[a]	4.17 ± 0.26[b]
丙氨酸 Ala	4.87 ± 0.12	4.71 ± 0.15
丝氨酸 Ser	3.08 ± 0.17	3.13 ± 0.05
脯氨酸 Pro	3.18 ± 0.06[a]	2.95 ± 0.27[b]
酪氨酸 Tyr	2.29 ± 0.11	2.42 ± 0.17
$\sum$NEAAs	38.03 ± 0.24[a]	36.94 ± 0.62[b]
$\sum$EAAs/$\sum$NEAAs	0.95 ± 0.04	1.00 ± 0.01
$\sum$EAAs/$\sum$AAs	0.49 ± 0.01	0.50 ± 0.01
$\sum$ 鲜味氨基酸	29.15 ± 0.79	28.71 ± 0.79
$\sum$ 鲜味氨基酸 /$\sum$AAs	0.39 ± 0.01	0.38 ± 0.01

注：a为单独外塘养殖；b稻鳖关系。

（二）种植过程的提质

通过稻鳖共养，甲鱼的排泄物转换成为优质的有机肥料进入稻田；其次，甲鱼在稻田的活动可以提升土壤的理化性质，提高土壤肥力。在稻鳖种养模式下，普通化肥使用量可减少70.3%，有机质含量提高7.25%，有效磷含量降低50%，有效钾提升97%（表8-4）。

表8-4 稻渔种养与普通种植土壤情况表

生产模式	pH	有机质（克／千克）	有效磷（毫克／千克）	有效钾（毫克／千克）	全氮%
单一水稻种植模式	5.00	40.0	22.8	78	0.248
稻鳖共生模式	4.96	42.9	11.4	154	0.273
两种模式对比（%）	/	+7.25	−50	+97	+4.4

（三）生态布局的提质

提升稻鳖共生品质，关键技术的核心是开展多元化综合种养模式下，农田环境凸显白天白鹭成群结队翩翩起舞，晚上蛙声连片，在优质生态环境下，可实现以点带面开展新时代农旅结合新模式。

四、经济效益与社会效益

实践表明，稻鳖综合种养模式的推广和应用，收获优质高效益的水产品，特别是甲鱼的养殖年限得到了保障，加上甲鱼通过共养后的仿野生方式养殖，生长期间不投喂配合饲料，增加了甲鱼的运动量，使其品质可与野生甲鱼相媲美。养殖企业在通过有机产品认证后，甲鱼的销售价格高达每千克500元以上，增效十分明显。2022年12月，浙江杭州昊琳农业开发股份有限公司的稻田共养鳖再次荣获浙江省农业博览会金奖殊荣。

收获优质的稻米产品。由于稻鳖模式的生产要求，在生产过程中达成低碳、节能、减排的目标，是一种环境友好的生产模式，所生产的稻米达到了优质稻米品质要求。2021年11月，经浙江省农业科学院对两种种植模式大米碳排放进行检测，稻鳖大米碳排放明显下降18%（表8–5）。

表 8–5 两种种植模式大米碳排放对比表

溯源室编号	原编号	样品类别	时间	地市	科研 / 外来	测定参数	C%	N%
22DM0915	对照	大米	2021.11	桐庐	科研	C/N/H/O	39.3	1.2
22DM0915	对照	大米	2021.11	桐庐	科研	C/N/H/O	39.3	1.4
22DM0915	对照	大米	2021.11	桐庐	科研	C/N/H/O	39.2	1.3
22DM0916	稻鳖大米	大米	2021.11	桐庐	科研	C/N/H/O	38.8	1.1
22DM0916	稻鳖大米	大米	2021.11	桐庐	科研	C/N/H/O	38.9	1.1
22DM0916	稻鳖大米	大米	2021.11	桐庐	科研	C/N/H/O	38.9	1.1
下降比（%）								–18

通过稻渔综合种养，结合水稻、油菜轮作技术，可显著提升农业综合生产能力，增加农民收入。与此同时，稻渔综合种养在一定程度上改善了稻田土壤理化性状，通过增加土壤有机质和养分含量提升土壤的肥力。稻渔相互促进，能很大程度上减少农药、化肥的使用，降低水稻生产成本，减少环境污染，社会与经济效益提升明显。

五、稻米质量安全

（一）开展水稻重金属检测

权威机构检测结果表明，本基地产出的稻米重金属（7种）残留等均符合现行食品质量安全要求（表8–6）。

表 8–6 水稻重金属含量

序号	水稻品种	重金属含量（毫克 / 千克）						
		铬	镍	铜	锌	砷	镉	铅
1	甬优 15#	0.112	0.985	3.032	23.862	0.196	0.139	0.013
2	嘉禾香 1#	0.278	0.308	1.345	18.385	0.129	0.042	0.006

续表

序号	水稻品种	重金属含量（毫克／千克）						
		铬	镍	铜	锌	砷	镉	铅
3	甬优 17#	0.514	0.597	2.005	16.084	0.146	0.159	0.016
4	甬优 5552#	0.005	0.17	0.135	2.535	0.028	0.0002	0.022

（二）开展水稻农药残留检测

本基地产出的稻米农残、药残等均符合现行食品质量安全要求（图8-3）。

序号	检验项目	单位	指标	实测数据	单项结论	检测依据
1	六六六	mg/kg	≤ 0.05	未检出(<0.01)	合格	GB23200.113-2018
2	甲基对硫磷	mg/kg	/	未检出(<0.01)	/	GB23200.113-2018
3	对硫磷	mg/kg	/	未检出(<0.01)	/	GB23200.113-2018
4	甲胺磷	mg/kg	/	未检出(<0.02)	/	GB23200.121-2021
5	三氯杀螨醇	mg/kg	≤ 0.01	未检出(<0.02)	合格	GB23200.113-2018
6	甲拌磷	mg/kg	/	未检出(<0.02)	/	GB23200.121-2021
7	水胺硫磷	mg/kg	/	未检出(<0.02)	/	GB23200.113-2018
8	氟虫腈	mg/kg	/	未检出(<0.02)	/	GB23200.121-2021
9	甲基异柳磷	mg/kg	/	未检出(<0.02)	/	GB23200.113-2018
10	氧乐果	mg/kg	/	未检出(<0.02)	/	GB 23200.121-2021
11	克百威	mg/kg	/	未检出(<0.02)	/	GB 23200.121-2021
12	涕灭威	mg/kg	/	未检出(<0.02)	/	GB 23200.121-2021
13	毒死蜱	mg/kg	/	未检出(<0.02)	/	GB 23200.113-2018
14	氰戊菊酯和 S- 氰戊菊酯	mg/kg	/	未检出(<0.02)	/	GB 23200.113-2018
15	三唑磷	mg/kg	≤ 0.6	未检出(<0.02)	合格	GB 23200.121-2021
16	灭多威	mg/kg	/	未检出(<0.02)	/	GB 23200.121-2021
17	乐果	mg/kg	/	未检出(<0.02)	/	GB 23200.121-2021
18	乙酰甲胺磷	mg/kg	/	未检出(<0.02)	/	GB 23200.121-2021
19	敌敌畏	mg/kg	/	未检出(<0.02)	/	GB 23200.113-2018
20	丙溴磷	mg/kg	/	未检出(<0.02)	/	GB 23200.121-2021
21	杀螟硫磷	mg/kg	≤ 1	未检出(<0.02)	合格	GB 23200.113-2018
22	二嗪磷	mg/kg	/	未检出(<0.02)	/	GB 23200.121-2021
23	马拉硫磷	mg/kg	≤ 0.1	未检出(<0.02)	合格	GB 23200.121-2021
24	亚胺硫磷	mg/kg	/	未检出(<0.02)	/	GB 23200.113-2018
25	伏杀硫磷	mg/kg	/	未检出(<0.02)	/	GB 23200.113-2018
26	氯氰菊酯和高效氯氰菊酯	mg/kg	≤ 0.3	未检出(<0.02)	合格	GB 23200.113-2018
27	甲氰菊酯	mg/kg	/	未检出(<0.02)	/	GB 23200.113-2018
28	氯氟氰菊酯和高效氯氟氰菊酯	mg/kg	/	未检出(<0.02)	/	GB 23200.113-2018
29	溴氰菊酯	mg/kg	≤ 0.5	未检出(<0.01)	合格	GB 23200.113-2018
30	氟氰戊菊酯	mg/kg	/	未检出(<0.02)	/	GB 23200.113-2018
31	氟氯氰菊酯和高效氟氯氰菊酯	mg/kg	/	未检出(<0.02)	/	GB 23200.113-2018
32	联苯菊酯	mg/kg	/	未检出(<0.02)	/	GB 23200.113-2018
33	氟胺氰菊酯	mg/kg	/	未检出(<0.02)	/	GB 23200.113-2018
34	氟啶脲	mg/kg	/	未检出(<0.02)	/	GB 23200.121-2021
35	辛硫磷	mg/kg	/	未检出(<0.02)	/	GB 23200.121-2021
36	甲萘威	mg/kg	≤ 1	未检出(<0.02)	合格	GB 23200.121-2021
37	吡虫啉	mg/kg	/	未检出(<0.02)	/	GB 23200.121-2021
38	啶虫脒	mg/kg	/	未检出(<0.02)	/	GB 23200.121-2021
39	甲氨基阿维菌素苯甲酸盐	mg/kg	/	未检出(<0.005)	/	GB 23200.121-2021
40	噻虫嗪	mg/kg	/	未检出(<0.02)	/	GB 23200.121-2021
41	灭幼脲	mg/kg	/	未检出(<0.02)	/	GB 23200.121-2021
42	哒螨灵	mg/kg	/	未检出(<0.02)	/	GB 23200.121-2021
43	阿维菌素	mg/kg	/	未检出(<0.01)	/	GB 23200.121-2021
44	除虫脲	mg/kg	/	未检出(<0.01)	/	GB 23200.121-2021
45	异菌脲	mg/kg	/	未检出(<0.02)	/	GB 23200.121-2021
46	乙烯菌核利	mg/kg	/	未检出(<0.02)	/	GB 23200.113-2018
47	腐霉利	mg/kg	/	未检出(<0.02)	/	GB 23200.113-2018
48	五氯硝基苯	mg/kg	/	未检出(<0.01)	/	GB 23200.113-2018

图 8-3　绿城农科检测技术有限公司检验检测报告

第九章
模式集成

一、主要研究内容

（一）研究示范半山区地形稻鳖共生模式

创新"深浅沟坑"设计和越冬坑建设等稻田改造技术，集成水稻品种筛选与科学种植，甲鱼放养与茬口衔接，优化水稻施肥管理、水位控制、绿色防控、全程机械化作业以及甲鱼养殖与管理技术。

（二）研究示范甲鱼越冬坑浮板水稻种植技术

研究确定越冬坑浮床的铺设技术及适宜占比面积，遴选适宜浮床种植的水稻品种与栽种技术，制定浮床水稻的施肥、防护、水位控制、绿色防控和敌害生物防控等日常管理关键技术，确定浮床水稻收割、甲鱼的捕捞以及养殖水原位处理和减磷降氮等技术。

（三）集成示范并推广半山区多元化稻渔综合种养技术

通过集成半山区稻鳖共生、浮床水稻种植、渔稻–麦（油菜）轮作等多项模式，配套建立以菜籽饼为基肥，以生物农药为主的施肥用药技术，以水稻叠盘暗出苗、插秧、防控、收割为一体的水稻种植全程机械化技术，以大米冷库仓储、保鲜技术为主的大米高品质加工技术。

（四）研究确定稻鳖共生模式的相关效应

研究表明：一是稻鳖田块土壤的pH、有机质含量相比于单种稻田升高，而碱解氮、有效磷和速效钾含量下降。二是建立基于微波消解–电感耦合等离子体质谱法检测稻鳖共生模式稻米中铬等7种重金属元素残留技术，表明稻鳖米重金属含量均低于限量值，符合食品质量安全要求。三是稻田甲鱼肌肉粗蛋白、裙边粗蛋白以及肌肉赖氨酸含量均显著高于普通商品甲鱼。

二、主要研究成果

（一）创新构建半山区地形稻鳖共生稻田改造技术

1.越冬坑建设

在稻田进水渠下方建造越冬坑，越冬坑深度1米左右，出水口安置在稻田方向，面积控制在稻田总面积的7%以内。坑的三边砌水泥砖墙，高出田块0.9米；同时设水泥瓦作防逃隘口；朝稻田方向使用活动铁皮，可使甲鱼在共生养殖期自行在池塘和稻田间爬行活动。

2.深沟建设

在越冬坑与稻田之间、距离越冬坑外部1米处开挖一条深0.6米、宽1米，并与越冬坑平行的深水沟，面积控制在稻田总面积的1%以内。该深沟可在水稻烤田时为中华鳖提供暂避场所。

3.浅沟建设

按照田块大小，在田中间开挖稍浅些的"丑"字形的浅沟，深0.2米、宽0.5米，面积控制在稻田总面积的2%以内；与深水沟相同，"丑"字形浅沟的出头点为稻田排水口。

（二）优选确定半山区地形稻鳖共生系统水稻品种

选用"甬优15#""甬优1538#""华中优9326#"系列晚熟杂交水稻品种，抗病力强、抗倒伏、分蘖强、高产、口感好，育秧播种期为5月中旬，插秧时间为6月初；按照直距40厘米、行距28厘米进行机插，亩插秧11 000丛。

（三）优化建立半山区地形稻鳖共生系统中华鳖养殖技术

选择中华鳖日本品系，放养初始规格0.5～0.75千克，亩放100～150只。放到越冬坑进行暂养与投喂膨化饲料驯化，根据公司自主发明的"外塘甲鱼养殖用调理中药及其制作使用方法"和"外塘生态甲鱼用杀菌中药及其制作使用方法"专利，在饲料中科学应用中草药；高温季节再泼洒EM原露调整水质，提高中华鳖的存活率和品质。

（四）创新构建稻鳖共生系统浮床水稻种植技术

生态浮床选择。选用高密度聚乙烯环保材料制作生态浮床，单块规格100厘米×50厘米，种植孔8个。每四块一列按越冬坑长度组装后备用。

水稻品种选择。选择抗病力、抗倒伏、分穗强，秸秆粗大且相对矮化水稻品种，优选"江两优7901#"或"嘉禾香1#"。5月初，采取小田育苗待秧苗高15厘米时，依次人工移栽到浮床种植杯中，每杯5～6株。

浮床铺设。浮床纵向横向每3米种植杯留一空，待秧苗全部定植后，用竹桩穿过留空的种植孔定位于坑底，竹桩高出水平面1.5米。将浮床连接成一体，定位于越冬坑距进水口边3米、距其他三边2米的区域内，浮床总面积占该越冬坑面积30%左右。

浮床水稻收割。10月中旬稻穗成熟后，人工拔除竹桩，依次将浮床拉近靠堤坝边进行人工收割作业，集中机械脱粒，使用烘干机统一烘干、加工、仓储。

（五）优化建立稻鳖共生系统肥料选择与施用技术

1. 基肥施用

在水稻育苗期间使用钙镁磷肥和碳酸氢铵各15千克/亩打底肥进行二次机耕，同时按照田块布局进行浅水沟设置，为后期越冬池塘与深水沟和浅水沟的无缝对接夯实基础。

2. 菜籽饼追肥

在6月初采取插秧机插秧后一周进行人工补苗和下肥工作，在撒肥前需预留3厘米左右水层，每亩使用干菜籽饼20千克+尿素15千克进行全区块均撒，在稻田水自然干燥后进行第一次浅搁田。

（六）集成示范稻鳖系统冬季油菜和小麦轮作种植技术

1. 油菜轮作技术

10月下旬水稻全部收割后秸秆全部还田；品种选择"越优1510#"品种，种子使用量0.3千克/亩，机耕直播；来年5月中旬机械化收割，菜籽油加工销售，加工后废弃物菜籽饼再还田充当水稻种植有机肥。

2. 小麦轮作技术

11月下旬水稻全部收割后秸秆全部还田，品种选择"杨麦188#"，种子使用量15千克/亩，机耕直播；来年5月下旬采取机械化收割、烘干后销售。

（七）集成示范优质大米加工、保鲜技术

按照收割入库的水稻品种、品质进行分级加工，可分特级、一级、二级3个标准，建立对应品种、加工精度、完善率、碎米参数指标。

入库保存。大米加工后放入冷库，确定冷库温度降低到零下3度并持续24个小时，再调回到7~11℃进行保鲜。

三、主要工作措施

（一）组建项目组，开展协作攻关

由企业牵头，省市县三级推广机构提供技术支持，制定实施方案，明确职责分工，协同推进，保障项目顺利实施。

（二）建立绿色防控机制，保障稻渔质量安全

实施"五个一"，即"一张纸"：政策的纸、技术的纸，实施目标明确，技术内容明白；"一堂课"：组织开展专题现场会等；"一制度"：实行购买农药实名制度；"一块地"：建立试验基地，开展核心试验示范；"一追溯"：建立农药使用登记的追溯系统，加强源头控制。

（三）开展研究与示范推广，促进成果辐射

依托市级科研推广项目，浙江省稻渔综合种养示范基地建设等，研究建立技术模式3项，由企业开展培训12期，现场观摩20余次，人数2 600余人，全省辐射总面积1.05万亩（图9-1）。

图 9-1　杭州市稻渔综合种养现场会

（四）加大品牌宣传，助推稻渔优质优价

积极参加部、省、市、县各级稻渔模式与产品比赛、农博会以及"网上农博"等活动，推广提升稻渔产品知名度和竞争力（图9-2至图9-5）。

图 9-2　网上农博会　　　　　　　图 9-3　单位食堂

图 9-4　单位食堂超市

图 9-5　土特产超市

四、主要技术创新点

经浙江省农业科学院科技查新（报告编号20223358500003588），项目成果在关键技术研发与模式构建上均具有创新性：

在越冬池塘与稻田之间设置与越冬池塘平行的0.6米×1米的深沟（不高于稻田总面积的1%）、在稻田间设置0.2米×0.5米的"丑"字形浅沟（不高于稻田总面积的2%）的半山区地形稻鳖共生系统"深浅沟坑"设计。

基于稻鳖共生、浮床水稻种植、渔稻–小麦/油菜轮作等技术的半山区多元化稻渔综合种养模式。

稻鳖共生系统中浮床水稻种植技术。

经浙江省科技评估和成果转化中心组织专家鉴定，该成果整体水平达到国内先进水平，其中"深浅沟坑"设计、越冬鳖池浮床水稻种养技术处于国内领先水平（浙科评鉴〔2021〕第375号）。

五、主要技术指标

项目构建了半山区多元化稻渔综合种养关键技术创新模式，示范点水稻平均产量625千克/亩，大米出米率74%，价格16元/千克，亩产值0.74万元，生态甲鱼产量120千克/亩，价格240元/千克，亩产值2.88万元，模式总产值3.62万元，亩均利润1.32万元。"昊琳"中华鳖荣获浙江名牌产品、省农博会金奖产品；"鳖鲜稻香"大米连续3年获全国优质渔米金奖、浙江省好大米金奖；发表相关论文6篇、出版书籍4部、主持制定团标1项、参编行标1项、授权国家发明专利2件、境外发明专利4项、实用新型专利6件、产品外观专利3件。企业还获得国家高新技术企业、浙江省农业科技型企业和农业科技研发中心单位、农业农村部水产绿色健康养殖"五大行动"基地等荣誉。通过项目实施，提高稻渔主体核心竞争力，推动稻渔综合种养生产、加工、仓储水平提升，促进稻渔产业增收增效，对带动当地乡村振兴、促进共同富裕发挥了积极作用，综合效益显著（图9-6和图9-7）。

图 9-6　全国技术领先成果鉴定 1

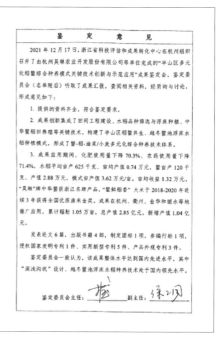

图 9-7　全国技术领先成果鉴定 2

第十章
模式应用推广

一、企业简介

杭州昊琳农业开发股份有限公司成立于2013年7月，注册资金200万元，公司基地坐落于桐庐县百江镇百江村，土地流转面积507亩，主要以自创"半山区地形多元化稻渔综合种养模式"为技术支撑，加以独特山泉水资源灌溉水稻种植与水产养殖模式，该模式核心技术目前处于全国领先地位（图10–1）。

图 10–1　基地全貌

"半山区多元化稻鳖综合种养模式关键技术创新与示范应用"获2021年浙江省农业丰收奖一等奖（图10-2），2022年全国稻渔综合种养技术模式创新一等奖；被评为全国水产绿色健康养殖"五大行动骨干"基地、浙江省级稻渔综合种养示范基地，浙江省高品质绿色科技示范基地，浙江省渔业共富主体单位，浙江农艺师学院实训基地，桐庐县农业科普基地。

图 10-2 浙江省农业丰收奖一等奖

稻、鳖产品已通过绿色产品认证、有机食品认证、ISO9001质量体系认证、大米加工流通许可证SC认证、良好农业规范体系认证，公司牵头制定"半山区稻鳖综合种养技术规程""绿色产品 稻鳖米生产规程"两项团体标准。

水稻品种以籼粳杂交"甬优"系列为主、"华中优9326#"为辅，经过套养生态甲鱼产生大量天然有机质的分解与利用，大米品质以香、糯、滑、软等农家老底子特征征服所有消费者（图10-3和图10-4），稻鳖共生大米2018年开始三次获全国稻渔综合种养优质产品金奖、浙江省"好稻米"优质产品奖、杭州市"十大好味稻"金奖等殊荣，2021—2023年度多次荣获全国稻渔综合种养优质渔米双优质产品奖。

图 10–3　优质水稻

图 10–4　优质米饭

　　稻鳖共生甲鱼在2018年度获得浙江省名牌产品认定，多次荣获浙江省农业博览会金奖产品。通过温室、稻鳖系统（越冬坑）、稻鳖系统（大田）的三段式共养，确保甲鱼的养殖年份，达到优质产品要求；创建"昊琳"品牌，年产量达1.5万千克（图10–5和图10–6）。

图 10-5 稻田甲鱼

图 10-6 优质甲鱼煲

稻田鳖深受长三角地区消费市场欢迎,并销至全国20余个省份,售价常年保持在240元/千克以上。 模式亩均利润1.32万元,实现"百斤鳖、千斤粮、万

元钱"的新农村发展经验。荣获2022年度全国稻渔综合种养模式创新一等奖
（图10-7）。

图 10-7　模式创新一等奖

近三年来，项目累计在全省辐射推广1.05万亩，总产值5.18亿元，新增产值2.1亿元，带动杭州、金华、衢州、丽水等地农户新增纯收入0.72亿元。同时，该稻鳖共养模式减少了半山区稻田撂荒，响应了粮食安全的国家号召，特别是在"稳粮保供"的形势下，提供优质稻、鳖产品，稻米和甲鱼等产品都是绿色食品，为人们提供优质安全、绿色健康的产品。助力农户实现共同富裕，带动周边地区种养大户50余户发展稻渔综合种养，解决山区农户2000余人的就业，社会效益明显；农户收入提高3倍以上。

二、建立农产品质量安全数字化管理体系

构建农产品质量安全追溯体系，通过加入数智农安系统，对接"浙农码""浙食链"等食品安全监管体系，实现数字化运作与闭环管理（图10-8和图10-9）。

图 10–8　数字农安、合格证

图 10–9　浙食链

三、建设"三品一标"体系

稻、鳖产品先后通过了绿色、有机产品认证、农产品品字号标志认证、良好农业规范认证、ISO9001产品质量认证（图10-10至图10-12）。

图 10-10　绿色产品　　　图 10-11　有机产品　　　图 10-12　ISO9001 质量认证

四、开展研学培训、农旅休闲

近三年，累计接待周边种养大户超5 000人次前来参观考察，通过实地技术交流，有效带动周边种养大户参与（图10-13至图10-15）。

图 10-13　现场培训班

图 10-14 生态科普现场会议

图 10-15 模式推广会议

五、模式推广应用

通过周边种养大户以点带面的有效推广，辐射杭州、金华、衢州、丽水等地区。

（一）指导开展偏远山区发展稻鳖模式的推广

桐庐县瑶琳镇舒家村股份经济合作社地处偏远山区，自然环境较好，水资源丰富且水质条件优，具有较好的发展高品质水稻种植和甲鱼养殖的基础条件。项目主要以杭州市农业科学院水产研究所马恒甲为驻村第一书记开展稻渔综合种养，带动偏远山区薄弱村的养殖技术，增加农户收入来源，壮大村级集体经济。

舒家村股份经济合作社与杭州市农业科学院、杭州昊琳农业开发股份有限公司等建立良好的合作关系，得到了相关的技术支撑。特聘昊琳公司高级工程师金建荣为技术总指导。

通过实地考察、选址等工作，2023年新增稻鳖综合种养50亩，预计可产优质大米20 000千克，销售价10元/千克，销售收入20万元；生态甲鱼5 000千克，销售价160元/千克，销售收入80万元；项目总收入可达100万元，亩均收入达2万元（图10-16）。

图 10-16　技术上门服务

（二）开展青虾池塘浮床水稻技术推广

建德市大洋青虾生态养殖场，现有单独青虾养殖池塘面积20余亩，稻渔综合种养面积60余亩。该养殖场2021年通过杭州昊琳农业开发股份有限公司点对点的技术指导，开展青虾池塘浮床水稻种植技术应用，降低了池塘有害物质产生与养殖尾水直接排放。

2022年生产优质大米25 000千克，销售价12元/千克，销售收入30万元；生产浮床稻米2 500千克，销售价40元/千克，销售收入10万元；优质青虾5 000千克，销售价240元/千克，销售收入120万元；项目总收入可达150万元，亩均收入达2万元（图10–17）。

图 10–17 稻虾共生

（三）开展小龙虾养殖坑增加浮板种植推广

长兴乔子周家庭农场，依托农业农村部"头雁"培育项目对接创业导师，开展小龙虾养殖坑增设浮床水稻种植。农场现有水稻种植面积800亩，开展稻小龙虾综合种养200亩，2020年尝试在20亩小龙虾养殖坑上，增加浮床水稻种植技术。

生产优质稻米85 000千克，销售价10元/千克，销售收入85万元；浮床水稻米5 000千克，销售价格40元/千克，销售收入20万元；优质小龙虾20 000千克，销售价50元/千克，销售收入100万元；项目总收入达205万元，亩均收入达1.025万元（图10–18）。

图 10-18　稻、小龙虾共生

（四）建立稻渔科普示范基地

杭州市钱塘区杭州普春食品有限公司，主要以基地种植、配送、科普宣传为主的一家市级龙头企业，企业现有果蔬种植面积500余亩，水产养殖、垂钓基地20亩。通过杭州昊琳农业开发股份有限公司技术指导，扩展池塘浮床水稻种植技术应用，提升基地整体形象，达到了美化环境的效果（图10-19和图10-20）。

图 10-19　稻田共生　　　　　图 10-20　科普水果蔬

该书主编金建荣，高级工程师（水产）、农民高级技师（水稻）、享受杭州市特殊津贴高级人才、杭州市D类高层次人才、浙江农艺师学院专业导师、浙江省"新农匠"，2022年度入选由中国科学院院士桂建芳牵头组建的"科创中国"稻渔生态种养产业服务团，是该团队全国仅有的5名企业主体专家成员之一，是一位土生土长、扎根基层的农民科技创业者（图10-21和10-22）。

图 10-21 聘书

图 10-22 服务团队

第十一章
产品加工方法

公司稻鳖产品通过稻渔综合种养提质增效后，通过简单加工工艺进行推广，让广大消费者能够快速掌握简便烧煮方法。

一、红烧甲鱼烧制方法

（一）甲鱼的挑选

选择4年以上，体形相对扁平、表皮光滑、无明显伤疤、活力强的甲鱼为佳（图11-1）。

图 11-1　4 年生优质甲鱼

（二）甲鱼的宰杀

用脚踩住甲鱼身体，头朝正前方，延甲鱼裙边与壳部连接处用剪刀揭盖活杀，同时放净淤血、去内脏。

（三）甲鱼去外衣（膜）

将90℃水倒入容器，再放入已宰杀完毕的甲鱼，上下翻动时脱去甲鱼外衣（膜）与爪子。

（四）甲鱼剁（剪）块

用菜刀或剪刀按照甲鱼个体大小，剁成或剪成3厘米×3厘米左右方块，便于后续烧制均匀入味（图11–2）。

图 11–2　甲鱼块

（五）甲鱼块焯水

锅中倒入适量开水再次煮沸后，放入甲鱼块快速上下翻动，锅表层起白色泡沫后（图11–3），直接使用冷水快速冲洗干净，沥干水分备用（图11–4）。

图 11–3　甲鱼块焯水

图 11–4　甲鱼块沥水

（六）红烧甲鱼辅助材料选择

选择适量生姜、大蒜切丝、干辣椒、白醋、生抽、卤水汁、五年份绍兴花雕酒，同时备少量蒜苗及青红辣椒切丝，备用。

（七）红烧甲鱼烧制

冷锅加入菜籽油2勺、猪油1勺，依次放入生姜、大蒜、干辣椒炒香；再放入甲鱼块翻炒2分钟左右，待甲鱼块发光发亮后依次加入白醋、生抽、卤水汁、花雕酒再次翻炒，炒至香味扑鼻后加入少许盐。一次性倒入足够开水，一般要求水盖过甲鱼块2厘米左右最佳。大火煮开后使用专用工具打捞上面白色泡沫，改小火不加锅盖炖15分钟左右即可。开吃前再加入蒜苗和青红辣椒丝，可吸附甲鱼汤表层多余浮沫，有助于提升甲鱼煲整体形象，提高食欲（图11-5）。

图 11-5　甲鱼煲

二、清炖甲鱼烧制方法

清炖甲鱼要选择品质相对高、养殖年限6年以上为佳，配置材料以清淡为主。

（一）材料选择

选择6年以上高品质老甲鱼，体形应相对扁平、表皮光滑细腻、无伤疤、活力强为佳（图11-6）。

图 11-6 6年甲鱼

（二）宰杀工序

清炖甲鱼前宰杀、剁块、焯水等工序与红烧甲鱼一致。

（三）配料选择

生姜、大蒜籽切丝、白醋、生抽、卤水汁、五年以上绍兴花雕酒若干。

（四）烧制方法

冷锅加入菜籽油1勺、猪油0.5勺，依次放入少量的生姜、大蒜炒香；再放入甲鱼块翻炒2分钟左右，甲鱼块开始发光发亮后依次加入白醋、生抽、卤水汁、花雕酒再次翻炒，炒至香味扑鼻后加入少许盐调味；一次性倒入足够开水，一般

要求水超过甲鱼块一半以上最佳；大火煮开后使用器具捞除表面白色泡沫，改小
火不加锅盖炖30分钟以上即可（图11-7）。

图 11-7　清汤甲鱼煲

三、大米蒸煮方法

开展稻渔综合种养模式后，农田土壤有机质不断提升，大米外观呈现晶莹剔
透、粒粒饱满、颗粒均匀，胚芽含量高等优点。

（一）淘米、浸泡

取适量大米轻洗两次，由于大米有机质含量高，大米内外密度与水分不完全
一致，浸泡40分钟左右最佳。

（二）煮饭

大米通过浸泡后全部发白，倒掉多余水，预留能够盖过大米表层水即可
（图11-8）。

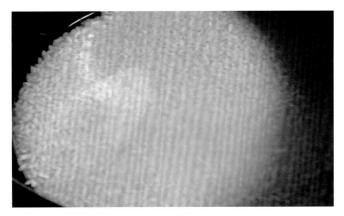

图 11-8　大米浸泡

（三）焖饭

煮好需要焖10分钟左右最佳。此时，米饭具有香、糯、滑、亮等农家特征，口感柔软、淡淡清香、齿根留香、回味无穷（图11-9）。

图 11-9　大米饭

第十二章
关键技术总结

一、种养目的与原理

稻渔综合种养目的，就是通过在水稻种植期增加水产的共养，达到一水多用、一田多用的目的；通过种养结合、相辅相成，促进共生产品的品质。

（一）目的

综合种养目的就是通过在水稻种植基础上，构建一定的基础设施，保障养殖产品不被偷盗及逃跑，通过种养产品相辅相成完美结合，有效降低有毒、有害化学农药、化肥的使用量，继而达到提升种养产品提质增效的目的。

（二）原理

通过因地制宜开展"深浅坑"构建，进行无缝对接，其根本是把优质山泉水资源加以综合利用，通过种养对象的相辅相成原理，提升农产品品质。

1. 浮床水稻种植目的

先在越冬坑内集中开展甲鱼养殖，在坑内增加一定数量的浮床水稻种植，通过浮床水稻种植初步分解池塘（坑）富营养物质，降低越冬坑的水面面积和养殖尾水外排量。

2. 浮床在综合种养中的作用

在夏季高温季节，通过浮床水稻种植能有效降低极端高温天气对甲鱼正常生长造成的危害。

3. 合理利用深浅沟坑

通过深沟低于坑的底部，沟可以沉降坑内排放尾水时的重颗粒物，能有效地把坑内所有养殖尾水置换到大田进行分解并利用。

4. 养殖品种多样化

通过大田套养少量甲鱼、泥鳅、螺蛳等生物，利用生物多样性来证明高毒、有害化学品不能投入的事实，给消费者一个明白、还生产者一个清白，并提供高品质生态产品的生产模式。

5. 多元轮作

通过冬季油菜结合小麦的多元轮作，可有效解决土壤单·水稻连作造成的土壤肥力障碍，达到改善与优化土壤结构、稳定粮食产量的作用。

二、种养关键点

种植品种、茬口、用肥用药是种植过程中的关键点，养殖产品品种、茬口、饲料投喂、养殖年限是养殖过程中的关键点。

（一）种植关键点

种植关键点在于种植品种的选择，时间的选择，施肥、用药和收割、加工、仓储等关键点。

1. 品种选择

品种选择必须符合当地土壤、气候相匹配的优质水稻种子，在大面积种植前一年，可通过小面积试验性种植，分析是否适应本地小气候、生产优质稻米的基本条件。

2. 种植时间选择

通过十余年开展稻渔综合种养的摸索，水稻育苗最佳时间为5月20号前后，直播水稻育种时间控制在5月25号至6月15号区间；机械化插秧控制在6月10号前后；正常优质稻米生长期为150天左右，水稻杨花期9月初，完熟期10月底，可有效避开水稻灌浆与成熟期间高温造成大米品质降低的难题。

3. 种植施肥、用药

种植前期以氮、磷肥为主，下足基肥；中期要早下天然有机肥（菜籽饼）和氮肥追肥，使水稻秧苗早返青；7月5号前，适量补下钾肥，可有效预防水稻后期返青造成倒伏，以及稻谷不完全成熟造成的损失。水稻病害以预防为主、治疗为辅。防治均以生物农药为主、化学药剂为辅。水稻收割前一个月，停止一切药物使用，避免因用药过晚造成稻谷的药物残留。

4. 共养茬口选择

水稻种植后7天，通过追施有机肥与氮肥后，采取自然搁田，保障投入品能够完全让水稻吸收，养分不被流失；搁田后7天，稻田相对有一定硬度才能开始大田共养，确保甲鱼不会因为雨天气温低，直接在大田假性冬眠而停止生长。

5. 种植收割、烘干

由于水稻存在后成熟的情况，通俗地说就是水稻品质退化的实际存在，为解决该难题，可采取控制水稻成熟度在90%时提前收割，通过后期适当存放也不会发生明显退化。机械烘干采取40℃左右慢烘干的方式，稻谷水分值控制在13.8%左右最佳。

6. 产品加工、仓储

通过机械化烘干后，稻谷需要存放10天以上，确保稻谷米心与外部稻壳水分均衡一致，继而确保稻谷加工成大米不发生不必要的破碎，造成出米率、整粒米等下降。以分等级加工、真空包装、冷库常年保鲜技术来延长大米保质期，拉长销售时间。

（二）养殖关键点

选择健康苗种，提前在越冬坑养殖，有效延长甲鱼养殖年限。选择合理共养茬口，继而提高产品品质与价值。

1. 温室苗种选择

选择通过温室10个月以上，体格健康，规格整齐种苗，按照公母、大小进行分塘（坑）养殖。

2. 越冬坑养殖

每年5月底，露天温度连续7天以上达30℃以上，温室提前逐步降温保证温室与露天池塘水温基本一致。同时，抓捕时提前2天停止饲料投喂，确保抓捕与运输期间不会压坏甲鱼内脏。通过合理使用越冬坑进行多年性养殖与越冬，可确保养殖年限与品质，也可避开温室出苗与水稻种植时间的茬口衔接。

3. 大田共养

大田实际共养时间过短，达不到提升甲鱼品质的目的。但是，大田活动区域大，稻田中套养了泥鳅、螺蛳等鲜活生物后，甲鱼在大田共养期间通过觅食鲜活饲料，有提升品质之效果。甲鱼大范围活动时，也驱赶了部分害虫，压倒处理了大部分杂草，同时松动了土壤，有效促进了水稻根系生长，提升了大米品质。

4. 饲料投喂方法

越冬坑投喂采取七分饱原则，半小时内如果完全觅食完毕可适当增加投喂量，如果1小时后浮框还有剩余饲料，需要打捞剩余饲料出养殖坑，同时减少下一顿饲料的投喂量，确保饲料不浪费及污染养殖坑，造成水质恶化。

5. 病害控制因子

越冬坑甲鱼的病害，以预防为主、治疗为辅，勤消毒、勤培水。每次暴雨过后或者大换水后要先消毒再用微生物制剂培水、肥水。池塘（坑）的甲鱼抓捕完毕后，必须用生石灰彻底消毒、暴晒，同时单个养殖塘（坑）经过两年以上养殖也必须用生石灰彻底消毒、暴晒。

（三）共养关键点

稻渔多元化综合种养，关键在于养殖对象与种植作物在共养期间是否存在关联，这是共养成功与否的关键。通过优质水资源进行水产品养殖，养殖产生的富营养水通过"深浅沟坑"引到稻田进行分解利用，利用农田落差把共养区域水引

到单独水稻种植区域进行多次使用，完全分解所有因稻田增加水产养殖产生的富营养物质，降低水稻种植对化肥与化学农药的依赖。

三、如何提质增效

通过开展多元综治种养模式，增加三段式养殖模式延长甲鱼养殖年限，有效提升了甲鱼品质与营养价值，合理利用种养各阶段茬口，达到真正意义上的种养相辅相成，实现提质增效之目的。

（一）种植有机质可持续投入

通过稻渔共生大田，多年使用菜籽饼天然有机质投入品，减少代普通化肥的使用数量，土壤结构发生明显改变，其主要表现为土壤不板结、土壤变黑、变松，适宜水稻根系生长需求。

（二）延长养殖年限

通过甲鱼三段式养殖，温室育苗、越冬坑，再到大田进行共养，保障甲鱼的养殖年限，增强了甲鱼的体质，提升了品质，确保"昊琳"牌稻鳖共生甲鱼最低养殖年限4年的质量标准。

（三）种、养多样性

增加浮床水稻种植、冬季油菜、小麦的轮作，达到作物多样性。通过越冬坑与大田增加泥鳅、螺蛳等达到水生生物多样性。开展多元化综合种养实现"一水多用、塘中有稻、稻田有鳖、田中有景、堤坝花开"的科学、美观的布局。

（四）优化加工技术

优化加工技术，采取分等级加工方式，一级精制大米要在每年5月梅雨季节来临前，全部加工真空包装进入冷库进行保鲜存放。加工后的碎米，加工成真空包装年糕、米糠提供给养殖户充当饲料，谷壳提供给当地早竹种植户，充当保温材料等，以提升大米加工产品的附加值。

（五）销售新模式

通过参与各级政府搭建的农产品展销会，评奖提升产品的知名度。通过网上农博会开展网上销售、土特产门店直销、超市或食堂配送等销售模式，把高品质产品卖出高价值，实现真正意义上的提质增效。

四、技术推广

企业通过一系列的标准认定、专利申报、科技查新、技术成果鉴定，强化了"半山区地貌多元化稻渔综合种养关键技术"模式的含金量。同时，通过申报政府部门科技奖项，有效提升企业品牌的内涵，开辟技术推广的新途径，丰富稻渔综合种养的技术创新模式。

附　录

附录一

模式标准制定

ICS 65.150
CCS B 52

T/ZNZ

浙江省农产品质量安全学会团体标准

T/ZNZ 138—2022

半山区稻鳖综合种养技术规范

Technical specification for integrated culture of rice and soft-shelled
turtle in semi-mountainous area

2022-11-11 发布   2022-12-11 实施

浙江省农产品质量安全学会   发 布

前　　言

本文件按照GB/T 1.1—2020《标准化工作导则 第1部分：标准化文件的结构和起草规则》的规定起草。

请注意本文件的某些内容可能涉及专利。本文件的发布机构不承担识别专利的责任。

本文件由浙江省农产品质量安全学会提出并归口。

本文件起草单位：杭州昊琳农业开发股份有限公司、浙江省农业科学院、桐庐县农业技术推广中心、浙江省水产学会、桐庐县农业产业化发展服务中心、开化县水产技术推广站。

本文件主要起草人：金建荣、周凡、徐立军、秦叶波、贝亦江、陈凡、金昊、叶生月、朱霄岚、周艳萍、石一珺、王洁、尹微、申屠兰欣、洪美萍、李红、刘文辉、程大军、江云珠、戴芬、童栋梁、许庆丰、姚佳蓉、姜遥、朱作艺、李真、叶勇。

半山区稻鳖综合种养技术规范

1 范围

本文件规定了半山区稻鳖综合种养的术语和定义、环境要求、田间工程、水稻栽培、中华鳖养殖、档案记录等的要求。

本文件适用于半山区稻田稻鳖综合种养。

2 规范性引用文件

下列文件中的内容通过文中的规范性引用而构成本文件必不可少的条款。其中，注日期的引用文件，仅该注日期对应的版本适用于本文件；不注日期的引用文件，其最新版本（包括所有的修改单）适用于本文件。

GB/T 26876　中华鳖池塘养殖技术规范

GB/T 32140　中华鳖配合饲料

NY/T 847　水稻产地环境技术条件

SC/T 0004　水产养殖质量安全管理规范

SC/T 1009　稻田养鱼技术规范

SC/T 1107　中华鳖 亲鳖和苗种

SC/T 1135.5　稻渔综合种养技术规范　第5部分：稻鳖

3 术语和定义

下列术语和定义适用于本文件。

3.1

半山区稻田 paddy field in semi–mountainous area

介于山区和平原农区之间的稻田。

3.2

浮床水稻种植 rice planting on floating bed

利用聚苯乙烯泡沫等浮性材料搭建漂浮在水面上的载体，在载体上设置圆孔和适宜的塑料钵、基质进行的水稻栽培。

4 环境要求

4.1 稻田环境

选择光照充足、周边安静、水源有保障、土壤肥力中等偏上、保水力强、无污染、排灌方便的半山区稻田，土壤、水质及周边环境应符合NY/T 847和SC/T 1135.5的规定。

4.2 面积要求

单个稻鳖综合种养区域面积以5~30亩为宜。

4.3 稻田隔离

利用植物屏障或人工设置高1.8~2.5 m钢丝网隔离带。有条件宜安装监控等设施。

5 田间工程

5.1 田埂

田埂改造应符合SC/T 1009的规定。以高0.5~0.6 m、顶宽0.4~0.5 m、底宽0.6~0.8 m为宜。

5.2 养殖坑

宜在进水渠下方建深0.8~1.0 m，占稻田总面积7%以内的养殖坑。与稻田毗邻的一面设置出水口，其他三面砌水泥砖墙，高出田块0.2 m。

5.3 深水沟

宜在养殖坑与稻田之间，距离养殖坑1 m处挖一条深0.6 m、宽1.0 m，平行于养殖坑的水沟，面积应小于稻田总面积的1%。

5.4 浅水沟

宜在田中和田边挖深0.2 m、宽0.5 m浅沟，田中沟和边沟连接成"丑"字形，面积控制在稻田总面积的2%以内，稻鳖综合种养单个区域田间布局示意图见附录A。

5.5 进排水口

进水口应建在养殖坑上方，水源流入养殖坑后进入深水沟至稻田。排水口设在"丑"字形浅沟末端，并设置防逃栅。排水口外深埋2根管径150 mm的PVC管，可将多余水引至外部稻田使用。

5.6 投喂区

可用直径50 mm的PP管在水面设一个2 m×2 m的正方形浮框为饲料投喂区。

5.7 晒背台

宜用4.5×1.8 m的塑料板，设置成斜坡固定在各个养殖坑间隔的田埂处，可同时作为食台。安置方法宜参照GB/T 26876的规定执行。

5.8 防逃设施

宜在稻田四周挖深0.2 m、宽0.25 m的墙基坑道，用混凝土浇注墙基或将泥土打紧夯实，墙基上砌高0.5 m水泥砖墙，同时加盖水泥瓦制作防逃隘口，每隔4~5 m用砖砌内外护墙各1个。

6 水稻栽培

6.1 大田种植

6.1.1 品种选择

应选择分蘖中等、株型紧凑、抗倒伏、病虫害抗性好、高产、优质、通过审定的中迟熟水稻品种。浮床水稻应选择适合当地的矮秆品种或与大田一致品种。

6.1.2 晒田消毒

稻田于冬季或初春排干积水，清除田间杂质后晾晒消毒。新田宜用大水漫灌泡田20 d，排水后每亩泼洒生石灰150 kg。

6.1.3　田面整理

于秧苗移栽前10～20 d将绿肥翻压至田泥中，平整田面时，预留好"丑"字型浅沟位置。

6.1.4　育苗

一般宜5月中旬左右播种，视实际气候情况确定。

6.1.5　移栽

秧龄20 d左右移栽，采用大垄双行、宽窄行进行机插，宽行距40 cm，窄行距20 cm，株距18 cm，亩插秧不少于1.2万穴，宜用双本插，可根据当地种植习惯调整。

6.1.6　施肥

肥料使用应符合SC/T 1135.5的规定，以有机肥为主。基肥宜亩施充分腐熟有机肥500～1000 kg，或在插秧前亩施碳酸氢铵和磷酸钙各15 kg；移栽7 d后，浅水位每亩撒施20 kg菜籽饼加10 kg尿素；20 d后宜每亩追施氯化钾20 kg加尿素5 kg，成熟期前可适当施一次"富硒"叶面肥。

6.1.7　水位管理

秧苗期浅水为主，水位宜在3～6 cm；分蘖至总苗数达到目标苗数的70%～80%时，宜少量多次排水搁田控苗；稻纵卷叶螟、飞虱爆发期和高温期宜控制在10～20 cm；蜡熟期逐步排水搁田。

6.2　沟坑浮床水稻种植

6.2.1　浮板安装

用高密度聚苯乙烯泡沫制作浮床载体，单块规格为100 cm×50 cm，每块设置种植孔8个。秧苗移栽前，按照单个养殖坑面积的30%左右适量安装。

6.2.2　浮床移栽

宜于5月底按每孔3～5株带土秧苗植入浮床种植穴，移栽后用竹竿打桩固定。

6.2.3 浮床用肥

定植7 d后，宜每亩施充分腐熟菜籽饼5～10 kg。

6.3 病虫草害防控

6.3.1 农业防治

合理稀栽，人工拔除稻田杂草；堤坝和机耕路空闲地带种植芝麻等蜜源植物或香根草等天敌诱集植物；宜在虫害高发期调高田面水位至10～20 cm。

6.3.2 物理防治

宜用杀虫灯、诱捕器、黄板等防治害虫。频振式杀虫灯每3 hm²设置1个于高出田面1.5 m处；或每亩放置20个高出稻株30 cm的黄板，均匀分布于稻田。

6.3.3 化学防治

化学防治应按照SC/T 1009的规定，相关水稻病虫害防治方法及推荐用药见附录B。

6.4 收割

依籽粒变黄程度确定收获期，大田宜在稻谷黄熟时进行机械收割，浮床应分片拉至池塘边人工收割。

6.5 秸秆处理

收割后秸秆打碎、堆腐还田或移出稻田。

6.6 稻田冬种

可种植油菜、小麦或绿肥作物。

7 中华鳖养殖

7.1 品种选择

应选择生长快、品质优良、抗逆性强的中华鳖。

7.2 种苗质量

应符合SC/T 1107的要求，沽力强，外表光整无损伤，规格整齐。

7.3 放养

7.3.1 消毒

应于放养前亩用100 kg生石灰对稻田和鳖沟消毒，鳖种宜用10%碘制剂或3%食盐溶液浸泡3～5 min。

7.3.2 放养密度

规格为400～500 g鳖种，养殖坑暂养密度宜为每亩150只，同时放养少量鲢、鳙鱼和螺蛳；稻田共养密度宜为每亩50～100只。

7.3.3 放养要求

存塘鳖在开春后应按雌雄、大小分等级拼塘养殖；鳖种宜在5月下旬，连续5 d平均气温达26℃以上后放入养殖坑，15 d后投喂饲料；水稻移栽20 d，二次肥水轻搁田后，加高养殖坑水位让鳖自行爬入稻田进行稻鳖共养。

7.4 投喂

7.4.1 投喂原则

投喂应遵循"定时、定点、定质、定量"原则，进入稻田共生期间，不再另外投喂。

7.4.2 饲料要求

宜投喂蛋白质含量45%以上的中华鳖人工配合饲料或少量营养丰富、易于消化的新鲜动物性饲料，如田螺、小鱼虾等活饵。配合饲料应符合GB/T 32140的规定。每千克饲料中可加入复合维生素2 g或适宜的免疫增强剂。

7.4.3 投喂方法

日均投喂量为鳖重的1%～2%，以1 h内食完为宜，根据气温、水质及摄食情况进行调整。

7.5 水质调控

宜栽种浮床水稻净化养殖坑水体，每隔15 d使用有效微生态制剂调节水质，定期清理投喂区。养殖坑与鳖沟每15 d用二氧化氯200～300 g，或生石灰150 kg消毒；控制溶氧含量4 mg/L以上，透明度20 cm以上；高温期应每15 d左右换水1次，每次换水量为养殖坑总水量的1/4～1/3，新、老水温差控制在5℃以内。

7.6 鳖病防控

应按GB/T 26876的要求执行。日常管理应做到"早发现、早诊断、早处置"，发现病鳖应及时隔离喂养，死鳖进行无害化处理。鳖常见疾病及防治药剂见附录C。

7.7 日常巡查

7.7.1 巡查次数

每日巡查2～3次。持续降雨、暴雨天气应增加巡查次数。

7.7.2 巡查内容

巡查吃食情况，适时调整投喂量；应早晚巡查鳖沟和稻田水位及防逃设施、田埂、进排水闸是否有损坏。雨天及时排水、加固设施。干旱高温应及时加注新水提升水位，水温宜为20～33℃。

7.8 捕捞

稻田分阶段搁田和降低养殖坑水位后，鳖自行爬入养殖坑。清理沟渠，人工捕捉滞留鳖，并用铝塑板拦截池塘与稻田通道；水稻收割后捕捉余留鳖，转移至养殖坑集中越冬。体重达到750 g以上的成年鳖，按养殖年份、雌雄、规格及市场需求分批供应市场。

7.9 过冬管理

养殖坑越冬水位应保持在0.5 m以上，冬眠期避免大量注水和排水，遇低温水面冰封应及时破冰。

8　档案记录

应将田间工程施工图、技术操作规程、值班记录资料、水产测产验收材料、农业投入品采购凭证等进行归档管理。苗种放养、饲料投喂、农耕农作等情况进行日常记录，可参照SC/T 0004的规定。各项生产记录档案应全少保存2年以上。

9　生产模式图

半山区稻鳖综合种养生产模式图见附录D。

附录 A

（资料性）

稻鳖综合种养田间布局示意图

稻鳖综合种养田间布局示意图见图A.1。

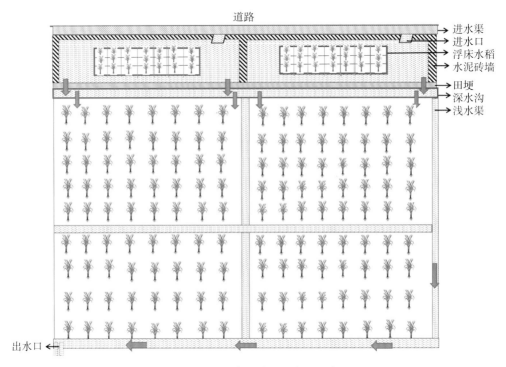

图 A.1　稻鳖综合种养田间布局示意图

附录 B
（资料性）
水稻病虫害防治方法及推荐用药

水稻病虫害防治方法及推荐用药见表B.1。

表 B.1　水稻病虫害防治方法及推荐用药

主要防治对象	绿色防治	化学防治				
		农药名称	含量剂型	使用量	每季最多使用次数（次）	安全间隔期（d）
稻飞虱	选用抗虫品种，科学肥水管理，实施健康栽培；成虫盛发期设置诱虫灯诱杀；采用稻渔共育、种植显花植物保护天敌；做好预测预报，精准使用生物农药实施达标防治	噻嗪酮	50% 悬浮剂	15 ~ 20 g/亩	2。	14
		三氟苯嘧啶	10% 悬浮剂	10 ~ 16 mL/亩	1	21
		金龟子绿僵菌	金龟子绿僵菌 CQMa42180 亿孢子/克 悬浮剂	20 ~ 30 mL/亩	—	—
二化螟	3—4 月灌水淹没稻桩 2 ~ 3 d，灭杀越冬幼虫和蛹；利用杀虫灯或诱捕器吸引二化螟，集中灭杀	金龟子绿僵菌	金龟子绿僵菌 CQMa42180 亿孢子/克 悬浮剂	60 ~ 90 g/亩	—	—
		乙基多杀菌素	乙基多杀菌素 60 g/升 悬浮剂	20 ~ 30 mL/亩	2	14

半山区地貌多元化稻渔综合种养模式技术与实践

续表

主要防治对象	绿色防治	化学防治				
		农药名称	含量剂型	使用量	每季最多使用次数（次）	安全间隔期（d）
稻瘟病	种子晾晒消毒，合理施肥，合理密植，移栽后防止徒长	春雷霉素	春雷霉素 6% 水剂	33.3 ~ 50 mL/亩	2	21
		枯草芽孢杆菌	枯草芽孢杆菌 1000 亿芽孢/克可湿性粉剂	20 ~ 30 g/亩	2	14
稻白叶枯病	施用充分腐熟堆肥，加强水肥管理，及时清除带病稻株及杂草。种子用 1% 石灰水浸种 2 d 后再催芽	春雷·噻唑锌	噻唑锌 35% 春雷霉素 5% 悬浮剂	100 ~ 130 g/亩	2	21
纹枯病	培育壮秧，合理密植，施足基肥，并增施磷钾肥，提高抗性	井冈·蜡芽菌	井冈霉素 5% 蜡质芽孢杆菌 32% 粉剂	65 ~ 80 g/亩	3	14
		噻呋酰胺	噻呋酰胺 240 g/L 悬浮剂	15 ~ 25 mL/亩	1	7
稻纵卷叶螟	用抗虫品种，防止前期生长过盛，后期贪青晚熟。成虫始盛期释放稻赤眼蜂，合理施肥适时搁田	氯虫苯甲酰胺	35% 水分散粒剂	4 ~ 6 g/亩	2	28
		金龟子绿僵菌	金龟子绿僵菌 CQMa42180 亿孢子/g 悬浮剂	60 ~ 90 g/亩	—	—
稻曲病	选用抗病品种；播种前用 1% 石灰水浸种消毒；增施有机肥，控制氮肥，合理密植	井冈·蜡芽菌	井冈霉素 5% 蜡质芽孢杆菌 32% 水剂	50 ~ 65 g/亩	2	35

附录 C

（资料性）

鳖常见疾病及推荐防控措施

鳖常见疾病及防控措施见表C.1。

表 C.1 鳖常见疾病及防控措施

病害名称	病因	主要症状	防控措施
腐皮病	嗜水气单胞菌、温和气单胞菌等多种细菌混合感染	发生溃疡，表皮脱落，严重时露出肌肉，四肢腐烂	①合理的养殖密度，防止相互撕咬；定期投喂保肝护胆药物、维生素C及维生素E ②外用聚维酮碘消毒，内服恩诺沙星、黄芪多糖等
鳖鳃腺炎	病毒	颈部异常肿大，因水肿导致运动迟钝而在陆地或食台、晒台上死亡	用板兰根、生地、黄芩等中药煎水拌饲料连续7 d投喂；同时用氯制剂连续泼洒2 d
穿孔病	嗜水气单胞菌、普通变形杆菌、肺炎克雷伯氏菌等感染	初期白色点状小突起，呈疮痂状，逐渐增大为疖疮，后期病灶形成深洞，裙边烂缺	①每亩水体用25 kg生石灰溶水泼洒 ②连喂6 d氟苯尼考粉 ③隔离病鳖，用聚维酮碘浸泡
红底板病	点状产气单胞菌、嗜水气单胞菌等多种细菌和病毒感染	血性红斑，严重时整个底板出血发红甚至出现溃烂，露出骨甲板	①控制放养密度 ②定期使用底净、活性酵素，改善底质，定期更换新水 ③发病后早氟苯尼考粉拌料连续投喂7 d
白底板病	嗜水气单胞菌、温和气单胞菌或与其他细菌合并感染	体无血色、无出血点、底板灼白；潜于池底，死后才浮出水面	①及时隔离病鳖 ②使用保健药物如黄芪多糖等
疖疮病	体表受伤或寄生虫破坏表皮引发维氏气单胞菌感染	背甲或颈部等处长有疖疮，随着病情的发展，疖疮显著隆起最终表皮破裂	同穿孔病
非生物因素引起的病害–营养	营养过剩或营养不良	全身浮肿、消瘦、背甲发暗；严重时背甲隆起；眼睛失明；解剖可见脂肪肝或花肝	①投喂新鲜饲料；②不要投喂含脂量过高的饲料如肥肉、动物肠衣等；③在饲料中添加鳖用多维及矿物质添加剂

附　录　D
（资料性）
半山区稻鳖综合种养生产模式图

半山区稻鳖综合种养生产模式图见图D.1。

稻鳖综合种养规范流程

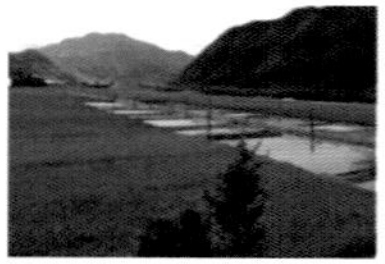

半山区稻田

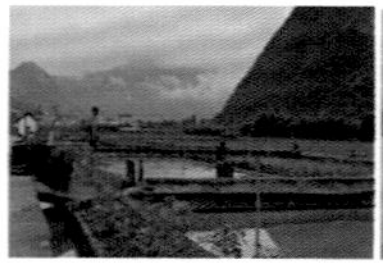

浮床水稻种

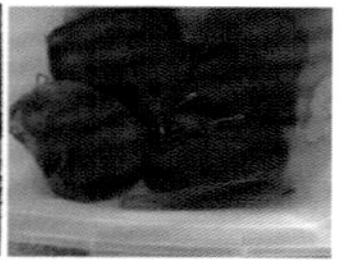

成鳖捕获

综合种养主要农事活动

月份	1－2	3—4	5	6—7	10	11—12
主要农事	田工间程修整	稻田整理；浮床准备	秧苗移栽；鳖苗放养	日常管理：施肥、灌溉、巡田、病虫草害防治	搁田，鳖捕抓转移；水稻收害	过冬植物种植，鳖捕获和过冬管理
注意事项：因地制宜修筑水沟，注意水源水质，保持田间和沟渠水位；野害等防护措施要扎实牢固。						

化肥安全用量表

名称	用量（kg/亩）
钙镁磷肥	10～20
碳氢钙	10～20
氯化钾	5～7
尿素	7～10
硫钙	5～7
复合肥	1～5

一、养殖坑建设

在稻田进水渠下方建造养殖坑，池塘深度1 m左右，出水口安置在稻田方向，面积控制在稻田总面积的7%以内。池塘另外三边砌水泥砖墙，高出田块0.2 m。

二、田沟建设

在养殖坑与稻田之间，距离养殖坑外部1 m处挖一条深0.6 m、宽1 m，并与养殖坑平行的深水沟，面积控制在稻田总面积的1%以内。再按照田块大小，在田中间开挖稍浅的“丑”字形的浅沟，深0.2 m、宽0.5 m，面积控制在稻田总面积的2%以内。

三、防逃措施

在稻田四周挖深0.2 m、宽0.25 m的墙基坑道，用混凝土浇注墙基，墙基上面砌0.5 m高的水泥砖墙，同时加盖水泥瓦制作防逃隘口，砖墙每隔4～5 m用砖砌内外护墙各1个，在田块外围架设钢丝网，并安装远程监控等防盗措施。

四、鳖放养

鳖在养殖坑进行一个月左右暂养，亩放150只，放养前用10%碘制剂浸泡3～5 min，在水稻机插20 d、二次肥水并轻搁田店，利用加高池塘水位让其自行爬到到稻田中，亩放50只左右。

五、日常管理

1.每日巡查2～3次，观察鳖进食情况，确保沟壑稻田水位稳定，检查防逃措施、田埂等位置是否有损坏。雷暴雨天气增加巡查次数。

2.投饲：采用“定时、定点、定质、定量”原则。投喂鳖专用配合饲料，均投喂量为鳖重的1%～2%。以1 h内食完为宜，根据气温及摄食情况进行调整；可适当搭配配投喂田螺等活饵。

水源

田埂

养殖坑

进水渠

深水沟

田中“丑”字形浅沟

晒背台

投喂区

防逃防盗网

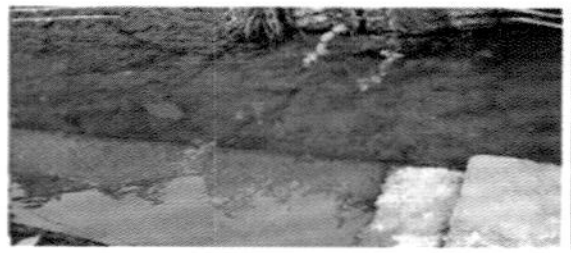

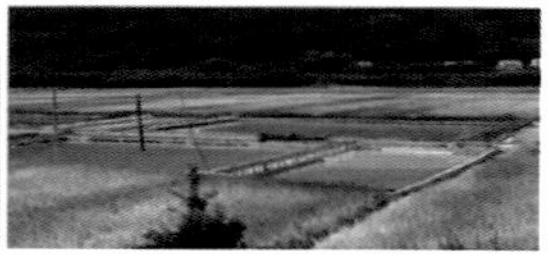

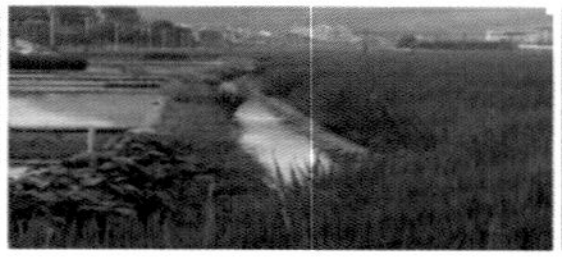

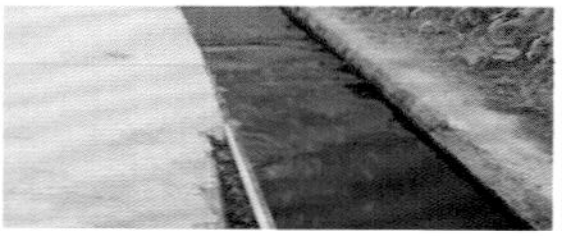

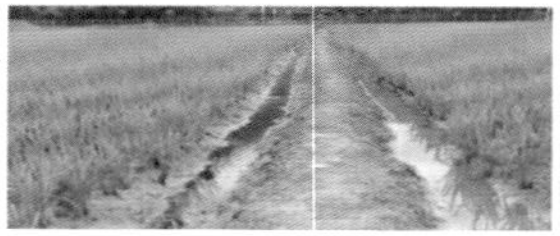

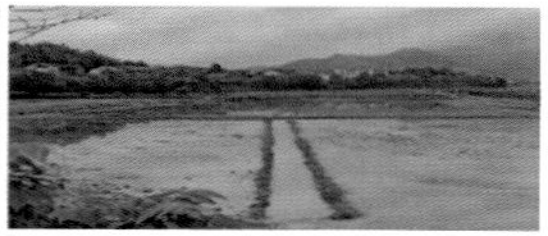

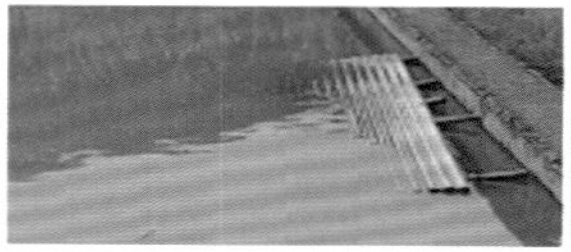

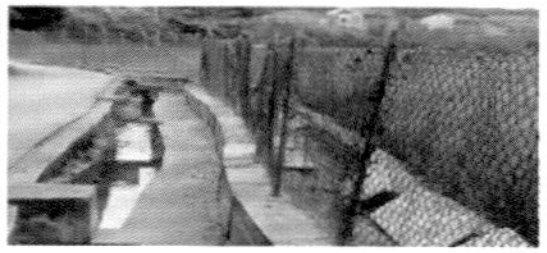

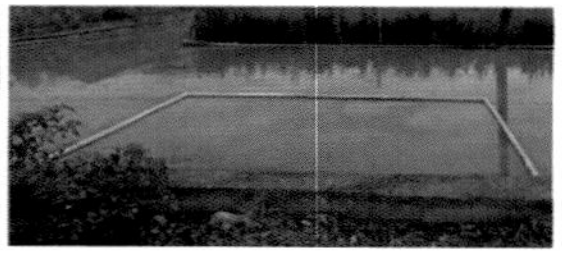

图 D.1　半山区稻鳖综合种养生产模式图

附录二

ICS 65.020.20
CCS B 31

T/ZLX

浙 江 省 绿 色 农 产 品 协 会 团 体 标 准

T/ZLX 077—2023

绿色食品　稻鳖米生产技术规程

Green food technical regulations for production of rice from integrated
cultivation of rice and soft-shell turtle

2023-11-24 发布　　　　　　　　　　　　　　2023-12-01 实施

浙江省绿色农产品协会　　　发　布

前　　言

本文件按照GB/T 1..1—2020《标准化工作导则 第1部分：标准化文件的结构和起草规则》的规定起草。

请注意本文件的某些内容可能涉及专利。本文件的发布机构不承担识别专利的责任。

本文件由浙江省绿色优质农产品标准化工作领导小组提出并归口。

本文件起草单位：杭州昊琳农业开发股份有限公司、浙江省农业科学院农产品质量安全与营养研究所、桐庐县农业产业化发展服务中心、浙江省农业技术推广中心、杭州市农业技术推广中心、桐庐县农业技术推广中心。

本文件主要起草人：金建荣、叶生月、秦叶波、苘娜娜、陈喆、石一珺、王洁、谢炜、赵燕昊、戴芬。

本文件首次发布。

绿色食品　稻鳖米生产技术规程

1　范围

本文件规定了绿色食品稻鳖米生产的产地环境、品种选择、育秧、整田、移栽及大田管理、收获储藏、稻谷加工、质量安全要求、包装标识、贮存运输和信息追溯的技术内容。

本文件适用于浙江省绿色食品稻鳖米的生产。

2　规范性引用文件

下列文件中的内容通过文中的规范性引用而构成本文件必不可少的条款。其中，注日期的引用文件，仅该日期对应的版本适用于本文件；不注日期的引用文件，其最新版本（包括所有的修改单）适用于本文件。

GB 2715　食品安全国家标准 粮食

GB 2761　食品安全国家标准 食品中真菌毒素限量

GB 14881　食品安全国家标准 食品生产通用卫生规范

GB/T 15063　复合肥料

LS/T 1231　稻米加工技术规程

NY/T 391　绿色食品 产地环境质量

NY/T 393　绿色食品 农药使用准则

NY/T 394　绿色食品 肥料使用准则

NY/T 419　绿色食品 稻米

NY/T 525　有机肥料

NY/T 658　绿色食品 包装通用准则

NY/T 1056　绿色食品 贮藏运输准则

NY/T 1752　稻米生产良好农业规范

浙农质发〔2016〕35号　浙江省农产品质量安全追溯管理办法

3 术语和定义

下列术语和定义适用于本文件。

3.1

稻鳖米 rice from integrated cultivation of rice and soft-shell turtle

通过对稻田实施工程改造，构建稻鳖共生农业系统，实行稻鳖综合种养模式所生产的稻米。

4 产地环境

4.1 稻田环境质量

应符合NY/T 391的规定，周边生态环境良好、远离污染源、水资源丰富、集中连片的水稻生产区域，具备配套合理的沟渠、排灌系统，连片面积宜不少于100亩。

注：1亩≈667 m^2。

4.2 土壤条件

土壤肥力中等偏上、保水保肥性强，以壤土、黏土为宜，土壤质量应符合NY/T 391中6.3的要求。

4.3 水质

稻田灌溉用水水质应符合NY/T 391中6.2的要求。

5 品种选择

应选择通过国家或浙江省审定的分蘖中等、株型紧凑、茎秆粗壮、优质、高产、抗逆性强的水稻品种。

6 育秧

6.1 秧田准备

宜选择背风向阳、土质肥沃松软、排灌方便的田块。机插秧每亩大田需秧田面积为13～15 m²，手插秧每亩大田需秧田面积为37～45 m²。

6.2 苗床培肥

播前亩施符合NY/T 525的有机肥500～1000 kg或以畜禽粪为主要原料的堆沤肥1000～2000 kg，符合GB/T 15063的复合肥30～35 kg（N∶P₂O₅∶K₂O = 18∶8∶18或相近配方）培肥苗床。

6.3 苗床制作

肥土翻耕混合均匀后，开沟做畦，于播种当天按床宽1.2～1.5 m、沟宽30～40 cm、床沿高10 cm起畦做苗床，畦面要精翻细整，土粒均匀；畦沟土集中破碎过筛，播种后作盖种用土；苗床应面平沟直，土壤上松下实，上细下粗。

6.4 种子处理

6.4.1 晒种

浸种前应晒种，选择晴朗天气，将种子平铺在干燥的地面或席子上连晒1～2 d，晒种时应摊薄，每天翻动2～3次，不应烈日下暴晒。

6.4.2 浸种消毒

将种子用清水浸泡20 h，每隔4～6 h换一次水。起水沥干后，按每1 kg水稻种子用精甲霜灵·咯菌腈种子处理悬浮剂3～4 mL的比例，于播种前将药浆与种子充分搅拌，直到药液均匀分布到种子表面，晾干后即可。

6.4.3 催芽

采用双层、无菌、湿润麻袋催芽，将预热吸水的种子装入双层麻袋中，扎紧袋口，堆放在地面上，并用稻草等保温物盖好。种子堆层厚度不超过15 cm，温度控制在25～32℃，温度过高时应翻堆降温，过低时用32～40℃温水淋堆增温。催芽20 h左右，露白破胸后播种。

6.5 播种

6.5.1 播种期

适时播种，海拔300～500 m宜于5月中下旬播种，海拔500～700 m宜于4月下

旬至5月上旬播种，具体视实际气候情况确定播种时间。

6.5.2 播种量

大田用种量：杂交稻品种人工插秧用种量1.0～1.5 kg/亩，机插秧用种量1.5～2.0 kg/亩。常规稻品种人工插秧用种量为4.0～5.0 kg/亩，机插秧用种量为5.0～6.0 kg/亩。

6.5.3 播种方法

将催芽种子均匀撒于苗床，用板刮平苗床表面，盖薄土，以种子不外露为宜。

6.6 秧田管理

宜浅水灌溉，保持秧板湿润。移栽前3～5 d防治病虫害，选用送嫁药可根据防治对象参照附录A。

6.7 秧苗要求

人工插秧秧龄宜25～30 d，机械插秧秧龄宜15～20 d。

7 整田

7.1 晒田消毒

稻鳖综合种养稻田栽种前应做好消毒。移栽前应排干积水，清除杂物，进行田块修整和干田晾晒消毒。3—4月或翻耕后移栽前漫灌至田面20 cm左右。并于养殖前和抓捕后每亩沟坑可用50～100 kg生石灰加水搅拌均匀泼洒。

7.2 田面整理

于秧苗移栽前10～20 d将冬季绿肥翻压至田泥中；移栽前平整田面，并于田埂内测预留深20 cm、宽50 cm浅沟位置。

8 移栽及大田管理

8.1 移栽

秧龄适宜时进行人工或机械插秧，采用大垄双行、宽窄行进行栽插，宽行距

30 cm，窄行距20 cm，株距18 cm，每插秧不少于1.0万穴，宜用双本插，可根据当地种植习惯调整。移栽20 d后可在大田投放鳖苗。

8.2 施肥

8.2.1 施肥原则

肥料使用应符合NY/T 394的规定。遵循化肥减控、安全优质和生态绿色的原则。

8.2.2 施肥方法

8.2.2.1 基肥

宜亩施符合NY/T 525的有机肥500～1000 kg或以畜禽粪为主的堆沤肥1000～2000 kg，或在插秧前亩施碳酸氢铵和过磷酸钙各15 kg、氯化钾5～10 kg，或施用符合GB/T 15063的复合肥15～20 kg（N：P_2O_5：K_2O = 18：8：18或相近配方）。

8.2.2.2 追肥

移栽7 d后，浅水位每亩撒施20 kg菜籽饼肥加10 kg尿素；移栽20 d后宜每亩追施氯化钾5～10 kg，加尿素5 kg。

8.3 水分管理

秧苗期浅水为主，水位宜在3～6 cm；分蘖至总苗数达到目标苗数的70%～80%时，宜少量多次排水搁田控苗；抽穗扬花期至灌浆结实期宜保持田间水位3～6 cm，飞虱爆发期和高温期水位宜控制在10～20 cm；至蜡熟期逐步排水搁田至鳖全部进入沟坑。

8.4 病虫草害防控

8.4.1 防治原则

以"预防为主、综合防治"为原则，应以绿色防控为主，综合采用生态防治、物理防治，必要时辅以化学防治。

8.4.2 农业防治

选用抗病品种，轮换种植年限长的品种；培育壮秧，采用合理耕作制度、健

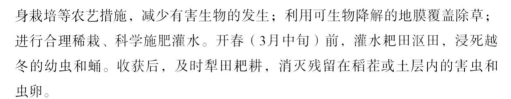

身栽培等农艺措施，减少有害生物的发生；利用可生物降解的地膜覆盖除草；进行合理稀栽、科学施肥灌水。开春（3月中旬）前，灌水耙田沤田，浸死越冬的幼虫和蛹。收获后，及时犁田耙耕，消灭残留在稻茬或土层内的害虫和虫卵。

8.4.3　生物防治

稻田进行人工除草；保护和利用蛙类、赤眼蜂、农田蜘蛛、黑肩绿盲蝽、缨小蜂等天敌进行生物防治；创造适宜自然天敌繁殖的环境，如在堤坝和机耕路空闲地带种植芝麻等蜜源植物。种植香根草诱杀二化螟、大螟，使用性诱剂诱杀二化螟，每亩放置1个性诱捕器；利用稻田鳖等控制虫、草害发生；应用生物类农药取代高残留化学农药。

8.4.4　物理防治

宜采用杀虫灯、捕虫网诱杀害虫。每30亩安装1个频振式杀虫灯，诱杀螟虫和稻纵卷叶螟成虫，安装于高出田面1.5 m处，根据害虫监测情况，每晚日落后开灯，天亮后关灯，每3～5 d清理一次死虫。

8.4.5　化学防治

根据精准预测预报，对达到防治指标的田块用药。化学防治用药应严格按照NY/T 393的规定执行。结合田间调查，确定防治期；注意农药使用的有效剂量；采用正确的施药方法，如防治稻瘟病、卷叶螟等叶面病虫，应使用低容量或超低容量喷雾。防治稻飞虱、纹枯病等茎下部病虫则用粗水喷雾。防治对象相同的农药要轮换使用，避免病虫产生抗性。稻鳖综合种养水稻常见病虫害防治方法及推荐用药见附录A。

9　收获储藏

9.1　收获

依籽粒变黄程度确定收获期。收割前应先挖深稻田水沟，清理淤泥，使鳖全部进入水沟或转移到养殖坑，在稻谷95%黄熟时采用机械方式抢晴收割。

9.2 干燥储藏

9.2.1 干燥

收获的稻谷应及时干燥。可采用晾晒或机械烘干。绿色食品稻谷与普通稻谷要分收、分晒、分藏，禁止在公路上及粉尘污染较重的地方晾晒；采用机械烘干时宜用低温缓速烘干（温度≤50℃）。

9.2.2 储藏

储藏场所应避光、清洁、干燥、通风、无害虫、有防潮设施；运输工具要清洁、干燥、防雨。若进行仓库消毒、熏蒸处理，所用药剂应符合NY/T 393的规定。

10 稻谷加工

10.1 环境要求

稻谷加工场所应建在交通方便、水电便利、远离粉尘、烟雾、有害气体及污染的区域。加工场所内应干净、整洁，环境卫生、生产车间卫生及个人卫生健康应符合GB 14881的规定。防止有害生物的危害，应采用物理、机械和生物方法。

10.2 设备要求

宜配备稻米加工专用设备，标明其用途和使用方法；稻谷加工设备中与被加工原料直接接触的零部件材料应选用无污染材料。稻谷加工机械设备与被加工原料直接接触部位不得有漏油、渗油现象，抛光机、筛片、色选机、碾米室、通道等不允许有油污或油漆。容器和工具应使用天然材料、不锈钢、食品级塑料制成，使用前应清理干净。

10.3 技术要求

加工过程应防止不同的原料混杂；每一批产品均应编以批号，专门建档，详细记录稻谷原料状况和加工全过程；根据水稻品种，合理选择砻碾设备技术参数、碾白与抛光道数，减少碎米，提高绿色稻米品质，加工技术及方法可参照LS/T 1231的工艺流程。

10.4   废弃物处理

设立废弃物存放区，对不同类型的废弃物分类存放、及时回收、规范处置。使用过的地膜、基质、剩余农药、过期药物、过期肥料、包装容器等，应进行无害化处理。秸秆、砻糠、米皮糠等副产品应进行资源化利用。

11   质量安全要求

11.1   质量指标

稻鳖米感官、理化指标应符合NY/T 419的要求。

11.2   安全卫生指标

11.2.1   污染物和农药残留限量

污染物和农药残留限量应符合NY/T 419中表3的要求。

11.2.2   有毒有害菌类、真菌毒素限量

有毒有害菌类、真菌毒素限量应分别符合GB 2715、GB 2761的要求。

12   包装标识

12.1   包装

应符合NY/T 658的规定。包装材料应清洁、卫生、干燥、无毒、无异味。包装应牢固，不泄漏物料。包装大米的器具应专用、不得污染，应坚固、清洁、干燥、无任何昆虫传播、真菌污染及不良气味；打包间的落地米不得直接包装出厂；包装容器封口严密，不得破损、泄漏。

12.2   标识

大米的包装材料表面图案、文字印刷应清晰、端正、不褪色。包装标识应符合NY/T 658的规定，规范标注以下内容：净含量、原料品种名称、执行标准号、品质等级、生产者名称、地址、商标、生产日期、保质期、注意事项、食用方法、条形码、追溯标志及必要防伪标识等。

13　储存运输

13.1　贮存

13.1.1

应按品种、包装形式、生产日期分别储存；定期检查，如有异常应及时处理。

13.1.2

大米成品库应具有控制库内温度、防潮及防止害虫感染的功能。温度仪、湿度仪应进行定期检测和详细记录。仓储条件具备的，宜放入低温成品库储存。

13.2　运输

运输工具和容器应保持清洁、干燥、防雨。不得与有毒、有害物品同时装运。具体要求应符合NY/T 1056的规定。

14　信息追溯

14.1　信息记录

应将稻鳖综合种养田间工程施工图、技术操作规程、农业投入品采购凭证、田间农事记录等进行归档管理。种植环节、收储环节、加工环节、成品运输环节的生产记录，可参照NY/T 1752的规定执行。相关生产记录信息可参考附录B的信息内容。

14.2　质量追溯

根据浙江省农产品质量安全追溯管理办法的要求，录入并上传稻鳖米生产过程相关信息。加施"浙农码"追溯标识，实现生产全程可追溯。

15　生产模式图

稻鳖米生产模式图见附录C。

附录 A

（资料性）

绿色食品稻鳖米生产水稻病虫害防治方法及推荐用药

绿色食品稻鳖米生产水稻病虫害防治方法及推荐用药见表A.1。

表 A.1　绿色食品稻鳖米生产水稻病虫害防治方法及推荐用药

主要防治对象	绿色防治	化学防治				
		农药名称	含量剂型	使用量	每季最多使用次数（次）	安全间隔期（d）
稻飞虱	选用抗虫品种，科学肥水管理，实施健身栽培；成虫发盛期连片设置诱虫灯诱杀；采用稻渔共育、种植显花植物保护天敌；做好预测预报，精准使用生物农药实施达标防治	噻虫嗪	25%水分散粒剂	2～4 g/亩	2	28
		吡虫啉	10%可湿性粉剂	10～20 g/亩	2	14
二化螟	3—4月灌水淹没稻桩2～3天杀越冬幼虫和蛹；视虫情喷施生物农药或性诱捕器捕杀羽化成虫；种植芝麻等显花植物保护天敌；释放赤眼蜂进行防治	金龟子绿僵菌	100亿孢子/mg油悬浮剂	100～150 mL/亩	2	14
		乙基多杀菌素	25%水分散粒剂	12～15 g/亩	2	14
稻纵卷叶螟	合理用肥防止前期生长过盛，后期贪青晚熟；科学灌水，适时搁田，化蛹高峰期灌深水2～3 d；种植显花植物，成虫始盛期释放赤眼蜂	氯虫苯甲酰胺	70%水分散粒剂	2～3 g/亩	1	21

续表

主要防治对象	绿色防治	化学防治				
		农药名称	含量剂型	使用量	每季最多使用次数（次）	安全间隔期（d）
稻瘟病	选用抗病品种，避免单一品种长期种植；种子晾晒，苗床土消毒，旱育壮秧；移栽后加强栽培管理，稀植栽培，防止徒长，施足基肥，适施氮肥，增施磷钾肥	春雷霉素	2%水剂	80～120 mL/亩	4	21
		枯草芽孢杆菌	1000亿芽孢/g 可湿性粉剂	4～12 g/亩	-	-
		春雷·噻唑锌	噻唑锌35% 春雷霉素5% 悬浮剂	40～50 mL/亩	3	21
白叶枯病	选用抗病品种，培育壮秧，加强水肥管理，及时清除带病稻株及杂草；种子消毒处理；发病初期进行生物药剂防治	中生菌素	3%水剂	400～500 mL/亩	-	-
纹枯病	选用株型紧凑、叶型较窄的品种，增加田间通透性降低空气湿度，提高抗病力；减少菌源，打捞菌核后深理处理；合理稀植，施足基肥，不偏施氮肥，增施磷、钾肥	井冈·蜡芽菌	蜡质芽孢杆菌10亿个/mL 井冈霉素2.5% 水剂	130～160 mL/亩	2	15
		噻呋酰胺	19%干拌种剂	1000～1600 g/100 kg种子	1	-
稻曲病	适时播种，合理稀植；进行科学肥水管理，增施有机肥，控制氮肥；科学掌握施药时期，在全田1/3以上植株最后一片叶片全部抽出时为最适时机	井冈·蜡芽菌	井冈霉素5% 蜡质芽孢杆菌32%水剂	50～65 g/亩	2	35

注：根据NY/T 393进行适时调整。

附录 B
（资料性）
稻鳖米生产记录信息

稻鳖米生产记录信息见表B.1。

表 B.1　稻鳖米生产记录信息

追溯信息	描述
农业生产经营主体信息	稻鳖综合种养公司、专业合作社、家庭农场、种植户等信息
	名称、地址、联系人、联系方式
	营业执照、生产许可证、绿色食品证书、有机产品证书、良好农业规范及质量管理体系相关认证证书等资质信息
产地环境信息	产地环境检测报告，周围污染源情况、生长周期内异常的气候变化等
稻种供应商信息	名称、地址、联系人、联系方式、资质信息
种子信息	品种、批号、数量、接收日期
	育苗时间、质量证明、验收质量记录
基地基本信息	位置、编号、种植面积、种植品种及数量
水稻物候期	播种期、移栽期、分蘖期、抽穗期、乳熟期、蜡熟期、成熟期
农药、肥料及其他投入品信息	制造商、经销商、地址、联系人、联系方式
	产品生产资质、经营资质、质量证明
	药品名称、药品用途、用药时间、用药人员、用药情况描述、出入库登记等
施肥信息	肥料名称、施肥时间、施肥数量、施肥人员、出入库登记等
灌溉信息	水质、时间、次数、人员等灌溉描述信息
收割信息	日期、地块、数量、人员
交易信息	交易方式、产品名称、数量、等级规格、交易日期
	收购商名称、地址、联系人、联系方式
产品信息	产品描述、质量证明、产地、有关部门质量检测信息

附录 C
（资料性）
稻鳖米生产模式图

稻鳖米生产模式图见图 C.1。

月份	1—2月	3—4月	5月	6月中旬	6月下旬	7月	8—9月	9月至10月下旬	11月上旬	11—12月
产地环境	稻田环境应符合 NY/T391 的规定，周边生态环境良好、远离污染源，水资源丰富、集中连片的水稻生产区域，具备配套合理的沟、渠、排灌系统，连片面积宜 ≥ 100 亩									
物候期	过冬作物	消毒整田	基质育秧	机械插秧	返青期	分蘖拔节期	孕穗抽穗期	灌浆成熟期	收获烘干	碾米加工
					鳖种放养	稻鳖共生	稻鳖共生	稻鳖共生		
栽培管理、主要农事	过冬作物主要为（油菜和小麦）	3—4月或翻耕后移栽前漫灌至田面 20 cm 左右。并于养殖前抓捕后每亩沟坑 50～100 kg 生石灰加水搅拌均匀泼洒	育秧田秧盘基质育秧或大棚基质育秧，于 5 月上旬至 5 月下旬浸种育秧	秧龄 20 d 秧后数达目标 采用大垄双行，宽窄行进行机插，宽行 40 cm，窄行 20 cm，株距 18 cm，苗插秧不少于 1.0 万穴	栽后灌水 栽后灌水护苗活棵，水位 3～6 cm，栽后 7 d 后鳖放养再增加水位，后随秧苗生长大逐步增加水位	总苗数达目标苗数 70%～80%，少量多次施肥，改排水搁田，控制卷叶螟、飞虱和高温期控制在 10～20 cm	日常管理：巡田、施肥、灌溉、水位控制在 5～15 cm，保持 10～15 d	收获前 10～15 d 降低水位，挖深鱼沟、鱼凼，将鳖聚集到鱼沟、凼内后适当干田	搁田后捕转移：稻谷 95% 籽粒黄熟时机械收割后烘晒	稻谷清理，稻去石、砻谷、谷粒分层碾磨精选分级后精米封包装，冷库保存

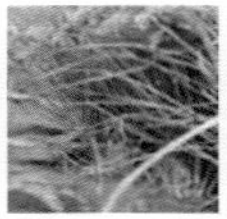

图 C.1　稻鳖米生产模式图

月份	1—2月	3—4月	5月	6月中旬	6月下旬	7月	8—9月	9月至10月下旬	11月上旬	11—12月
产地环境										
种子										
灌溉水										
肥料										
				防治原则	稻瘟病	纹枯病	稻曲病	卷叶螟	稻飞虱	二化螟

产地环境

稻田水质应符合 NY/T 391 中 6.2 的要求。

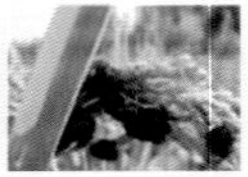

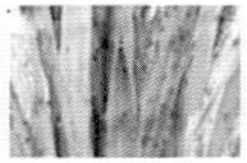

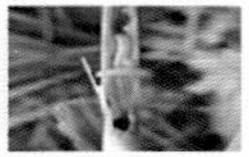

种子

选择分蘖中等、株型紧凑、抗倒伏、抗病虫害、品质优、高产、通过国家或省审定的中晚熟优质杂交大穗型稻品种

灌溉水

原则：秧苗期浅水为主、水位宜在 3～6 cm，分蘖至够苗数时，宜多次排水轻搁田；飞虱和高温期水位宜控制在 10～20 cm，蜡熟期逐渐排水搁田

肥料

原则：肥料使用应符合 NY/T 525 的有机肥 500～1000 kg 或堆肥 1000～2000 kg，N/T 394 的规定。

基肥：施符合 GB/T 15063 的复合肥 15～20 kg

追肥：移栽 7 d 后，浅水位每亩撒施 20 kg 或菜籽饼肥 70%～80%。插秧前每亩施加 10 kg 时，宜少量施碳酸氢铵和尿素，遵循化肥减控安全优质和生态绿色的原则。氯化钾 5～10 kg，施氯化钾优质用的 5 kg，或施用符合 GB/T 15063 的复合肥 10 kg，加尿素 5 kg

防治原则

病虫害防治以"预防为主，综合防治"为原则，绿色防控为种综合生态防治、物理防治，必要时辅以化学防治

稻瘟病

选用抗病品种，种子晾晒后床土消毒，移栽后加强肥水管理，防止徒长，施足基肥，适施氮肥，增施磷钾肥

纹枯病

选用茎秆粗壮叶挺、耐肥的品种；整田时清除菌源；培育壮秧合理密植，科学灌水；增施钾肥，提高抗性

稻曲病

选用抗病种，播种前用 1% 石灰水浸种消毒；增施有机肥，制氮肥，合理稀植

卷叶螟

种植抗病虫品种合理用肥防身壮栽培开展 2～3 d，止前；世坚冬水生长过盛，期渔共育，保蝌，带药移栽；所护天敌科和视虫情喷施生物农药；物衣药搁田

稻飞虱

选用抗虫品种实施健水淹没稻桩，灭杀越冬幼虫和病菌，黄板诱栽；稻渔共育，增贪青晚熟。控虫始盛期可释放赤眼蜂，合理做好预测预报精准使用器捕杀羽化成虫灯情测预虫生物农药实虫；种植诱虫显花植物

二化螟

3—4 月灌水淹没稻桩，灭杀用杀科物衣药；物灯诱捕；用杀器捕使诱显花植物生物农药实虫；种植诱虫显花植物施达标防治

图 C.1　稻鳖米生产模式图（续）

主要参考文献

步洪凤，邓正春，王朝晖，等，2021.稻鳖生态种养技术及效益分析.资源与环境科学.(14): 206–208.

郭从霞，2021.稻鳖综合种养高质高效技术研究，科学养鱼，(4): 45–46.

胡景涛，黄成志，雷树凡，等，2018.养殖坑塘浮床水稻种植模式初探及效益分析.上海农业科技，2: 120–121.

蒋业林，侯冠军，王永杰，等，2015.稻田养鳖生态系统构建与种养殖技术研究.安徽农学通报，21(20): 94–95.

金建荣，2019.半山区地形稻鳖共生模式关键技术.中国水产，(11): 71–72.

金建荣，2020.稻鳖共生—浮床水稻种植技术探索.中国水产，(5): 72–75.

金建荣，2021.半山区多元化稻渔综合种养技术探讨.中国水产，(6): 76–77.

金建荣，2022.稻鳖综合种养模式下三段式养殖技术探讨.中国水产，(6): 90–92.

陆家欢，2021.浙江省农业综合种养模式现状及发展对策.现代农业科技，15: 183–185.

钱泉生，阮佳平，等，2019.浅析嘉兴市秀洲区稻鳖综合种养模式的推广应用.上海农业科技，(4): 140–141.

徐涛，刘方平，倪才英，等，2021.稻鳖共生体系中不同施肥类型对水稻产量品质的影响.江苏农业科学，49(14): 61–65.

赵春光，2020.我国稻田养鳖中存在的主要问题与发展建议.科学种养，1: 5–8.

周爱珠，刘才高，徐刚勇，等，2014.稻、鳖共生高效生态种养模式探讨.中国稻米，20(3): 73–74.

周凡，马文君，丁雪燕，等，2019.浙江省稻渔综合种养历史与产业现状.新农村，(5): 7–9.

AHMED N, GARNETT S T, 2011. Integrated rice–fish farming in Bangladesh: meeting the challenges of food security. Food Secur 3, 81–92.

BASHIR M A, LIU J, GENG Y C, etc., 2020. Co–culture of rice and aquatic animals: An integrated system to achieve production and environmental sustainability，Journal of Cleaner Production，249: 119310, ISSN 0959–6526, https://doi.org/10.1016/j.jclepro.2019.119310.

后 记

　　《半山区地貌多元化稻渔综合种养模式技术与实践》，经过筹划、编撰、审稿、定稿，现在终于出版了。《半山区地貌多元化稻渔综合种养模式技术与实践》从筹划到出版历时近一年，在桐庐县科协、桐庐县农技推广基金会、杭州昊琳农业开发股份公司等多家单位联合资助下，在浙江省杭州市及桐庐县各级科研部门和稻渔企业的大力支持下，经过多次修改完善，最终定稿。在编撰过程中，得到了浙江省水产技术推广总站正高级工程师周凡的大力帮助，同时也得到浙江省农业农村厅、浙江省农业科学院、杭州市农业农村局、杭州市农业科学院等单位专家的鼎力支持，并进行仔细审阅，在此表示衷心感谢！

　　由于作者水平和经验所限，书中错漏和不妥之此在所难免，敬请读者批评指正。